Der Automobil-Löschzug der Berufsfeuerwehr Hannover.

Von

M. Reichel,

Branddirektor, Hauptmann d. L. I.

Mit 25 Abbildungen.

Springer-Verlag Berlin Heidelberg GmbH 1903

ISBN 978-3-662-38674-3 ISBN 978-3-662-39548-6 (eBook)
DOI 10.1007/978-3-662-39548-6

Vorwort.

Zu der vorliegenden Arbeit wurde ich angeregt durch die von in- und ausländischen Feuerwehren zahlreich an mich ergangenen Anfragen über die Konstruktion, die Betriebsart, die Unterhaltung u. s. w. des im Februar 1902 bei der hiesigen Berufsfeuerwehr in Dienst gestellten Automobil-Löschzuges. Die nicht selten sehr detaillierten Fragen von Fall zu Fall im Wege der Korrespondenz erschöpfend zu beantworten, war mir leider nicht möglich; ich beschloß daher, in einer besonderen Schrift alle den Automobil-Löschzug betreffenden Fragen ausführlich zu behandeln.

Wenn ich jetzt die Schrift der Öffentlichkeit übergebe, so bin ich mir wohl bewußt, daß eine erste Schrift über diese in Feuerwehrkreisen noch wenig bekannte Materie naturgemäß Mängel und Lücken aufweisen wird. Ich bitte daher die Herren Fachgenossen, meine Arbeit mit Nachsicht aufzunehmen.

Hannover, im Oktober 1902.

Der Verfasser.

Inhalt.

Anhang.

Einleitung.

Am 28. Dezember 1899 siedelte die Besatzung der in dem nordwestlichen Stadtteile vorhandenen kleinen Nebenwache II nach der in unmittelbarer Nähe der alten Wache neuerbauten Zugwache II über. Die neue Zugwache war zur Aufnahme eines kompletten Löschzuges, bestehend aus 3 bespannten Fahrzeugen, bestimmt. Die definitive Belegung der Zugwache sollte zu Beginn des Etatsjahres 1900/01 erfolgen; sie mußte indessen noch hinausgeschoben werden, weil der verdiente, langjährige Chef der Berufsfeuerwehr Hannover, Herr Branddirektor Ebeling, gezwungen war, wegen andauernder schwerer Krankheit seine Versetzung in den Ruhestand zum 1. April 1900 nachzusuchen. Als dann im Oktober desselben Jahres die vakante Branddirektorstelle dem Verfasser übertragen worden war, sollte dieser Vorschläge zur definitiven Belegung der Zugwache II für das Etatsjahr 1901/02 machen.

Die knapp bemessenen, in Abschnitt I näher beschriebenen Räumlichkeiten der Zugwache II gaben zu der Erwägung Anlaß, ob es nicht zweckmäßiger sein würde, die Wache mit einem automobilen Löschzuge anstatt, wie ursprünglich vorgesehen, mit einem bespannten Zuge zu belegen. Festere Gestalt nahm dieses Projekt aber erst an, als Herr Busch, Direktor der Wagenbauanstalt in Bautzen, die Mitteilung machte, daß es gelungen sei, eine automobile Dampfspritze zu konstruieren, die mit eigenem Dampf fortbewegt werden könne. Eine Besichtigung dieser, allerdings noch verschiedene Mängel aufweisenden Spritze in Bautzen gab die Gewißheit, daß es sehr wohl möglich sein würde, eine für die Praxis brauchbare Automobil-Dampfspritze zu bauen. Weitere Verhandlungen mit Herrn Busch, betreffend die Konstruktion und die Betriebsart der beiden anderen für den Löschzug erforderlichen Fahrzeuge, führten schließlich zu dem Resultat, daß sich der Genannte in dankenswerter Weise bereit erklärte, der hiesigen Berufsfeuerwehr außer einer Automobil-Dampfspritze noch zwei nach speziellen diesseitigen Angaben zu erbauende elektrische Automobil-Fahrzeuge — eine Gasspritze und einen Hydrantenwagen — auf die Dauer von 3 Monaten bedingungslos zur Probe zur Verfügung zu stellen. Ohne dieses weitgehende Anerbieten hätte sich das Projekt allerdings wohl kaum verwirklichen lassen, denn für den praktischen Löschdienst verwendbare Automobil-Feuerwehr-Fahrzeuge gab es damals in Deutschland noch nicht, auch lagen keine Erfahrungen vor hinsichtlich der Betriebssicherheit von Automobil-Fahrzeugen.

Auf Grund der von Herrn Busch abgegebenen Erklärung konnte nunmehr das Projekt mit aller Energie weiter verfolgt worden. Zunächst wurde unter Hinzuziehung der Ingenieure der Motor- und Motorenfahrzeugfabrik Marienfelde-Berlin, welche die elektrische Ausrüstung der Fahrzeuge liefern sollte, die Konstruktion bezw. die Leistung der elektrisch zu betreibenden Fahrzeuge — Gasspritze und Hydrantenwagen — festgestellt. Sofort nach Abschluß der Vorarbeiten unterbreitete ich dem Magistrat einen Antrag auf Belegung der Zugwache II mit einem automobilen Löschzuge. Der Antrag lautete auszugsweise wie folgt:

„Im Interesse der Feuersicherheit des nordwestlichen Stadtteiles erscheint es dringend notwendig, die Feuerwache II spätestens im April n. J. mit einem kompletten, unter der Führung eines Brandmeisters stehenden Löschzuge zu belegen.

Bei der Zusammensetzung eines solchen Löschzuges wird zu berücksichtigen sein, daß für die Belegung einer neuerbauten, den modernsten Anforderungen genügenden Feuerwache unbedingt nur Fahrzeuge in Betracht kommen können, die in jeder Beziehung auf der Höhe der Zeit stehen. Die modernste Geräteausrüstung dürfte wohl gegenwärtig die Pariser Feuerwehr besitzen, die eifrigst und mit bestem Erfolge bemüht ist, ihre mit Pferden zu transportierenden Fahrzeuge und Geräte durch mit Elektrizität betriebene zu ersetzen. Bei der Pariser Feuerwehr sind bereits 4 derartige Motorfahrzeuge im Betriebe . . . Von großem Einfluß für die Belegung von Feuerwachen mit Automobilen ist sodann noch der Umstand, daß es der Wagenbauanstalt (vormals W. C. F. Busch) in Bautzen neuerdings gelungen ist, eine Automobil-Dampfspritze zu konstruieren, die mit eigenem Dampf fortbewegt wird. Der Zusammensetzung eines leistungsfähigen Automobil-Löschzuges stehen hiernach in technischer Beziehung keinerlei Schwierigkeiten mehr im Wege.

Was nun die Kostenfrage des Automobil-Betriebes gegenüber dem Betriebe mit bespannten Fahrzeugen betrifft, so fällt eine Vergleichsberechnung zu Gunsten des Automobil-Betriebes aus. Um die finanziellen Unterschiede beider Systeme besser zu veranschaulichen, wurden die Kosten für die Belegung der Feuerwache II aufgestellt:

1. Für einen Löschzug mit Pferdebespannung und
2. Für einen Automobil-Löschzug.

Bei der Belegung der Wache mit bespannten Fahrzeugen stellen sich zwar die einmaligen Ausgaben niedriger, bei der Verwendung von Automobilen verringern sich dagegen die laufenden Ausgaben, und diese letztere Erwägung stellt den großen Vorteil der Belegung der Feuerwache II mit Automobilen in das rechte Licht. Die Kosten betragen:

A. Bei Pferdebespannung.

Einmalige Ausgaben	46 500 M.
Laufende Ausgaben	36 500 M.

B. Bei Automobilen.

Einmalige Ausgaben	55 000 M.
Laufende Ausgaben	25 000 M.

Der Kostenunterschied beider Systeme beträgt hiernach bei den

Einmaligen Augaben . . . . . . 8500 M.

und bei den

Laufenden Ausgaben . . . . . 11 500 M.,

d. h. die einmaligen Mehrausgaben für die Beschaffung von Automobilen werden tatsächlich bereits in einem Jahre vollständig aufgewogen durch die verminderten jährlichen laufenden Ausgaben; in vier weiteren Jahren sind durch den Fortfall der laufenden Mehrausgaben (4 × 11500 = 46000 M.) die gesamten Anschaffungskosten (42 400 M.) für die drei Automobil-Fahrzeuge gedeckt.

Außer diesem günstigen finanziellen Ergebnisse sprechen noch andere, sehr wichtige Faktoren zu Gunsten der Verwendung von Automobilen im Feuerlöschdienst.

Zunächst mögen hier die für den Automobil-Betrieb sehr vorteilhaften örtlichen Verhältnisse der Stadt Hannover Erwähnung finden. Die Stadt besitzt ein ausgedehntes Netz asphaltierter bezw. gut gepflasterter Straßen; Steigungen über 3% sind nicht vorhanden. Durch den Betrieb der elektrischen Straßenbahn, sowie durch den Verkehr zahlreicher, im Privatbesitz befindlicher Automobilen in den Straßen der Stadt sind die Pferde an derartige Fahrzeuge bereits gewöhnt . .

Einen großen Einfluß würde die Verwendung von Automobilen auch auf den Bau der Feuerwachen ausüben durch den Fortfall der Stallungen, der Fahrerstuben, der Geschirr- und Futtergelasse, der Dunggruben u. s. w. In hohem Maße würde sich dieser Vorteil geltend machen bei der jetzt zu belegenden Feuerwache II. Die Räume der Wache sind sehr beschränkt; bei der Belegung der Wache mit Automobilen könnten die Stallräume, die Fahrerstube u. s. w. für andere Zwecke nutzbar gemacht werden . . . . "

Am 11. März 1901 fand der Antrag Annahme bei den städtischen Kollegien, jedoch mit dem Vorbehalt, daß der Ankauf des Löschzuges zu dem festgesetzten Gesamtpreise von 42 400 M. erst dann zu erfolgen habe, wenn der Zug den vereinbarten Bedingungen voll entsprechen und sich während der Probezeit Bedenken irgend welcher Art nicht ergeben sollten.

Auf Grund dieses Beschlusses nahmen die Fabriken in Bautzen bezw. Marienfelde den Bau der Fahrzeuge unverzüglich in Angriff. Im Interesse der die internationale Feuerwehr-Ausstellung Berlin 1901 besuchenden Fachleute wurde von einer sofortigen Lieferung des Zuges abgesehen und der Zug der Firma für die Dauer der Ausstellung zur freien Verfügung überlassen.

Die Lieferung des Zuges, welche 8 Tage nach Schluß der Ausstellung erfolgen sollte, verzögerte sich indessen bis zum Beginn des Jahres 1902. Der Grund hierfür lag darin, daß sich bei den Versuchsfahrten während der Ausstellung in Berlin noch mancherlei Mängel gezeigt hatten, die erst beseitigt werden mußten.

Am 27. Januar 1902 trafen die Fahrzeuge in Hannover ein. Zunächst wurden unter der Leitung eines Monteurs täglich mehrere Male forcierte Probefahrten vorgenommen, die sehr günstig verliefen, selbst bei starken Schneefällen bezw. bei Glatteis. Nach beendeter Ausrüstung der Fahrzeuge und nach erfolgter Ausbildung einer genügenden Anzahl von Führern konnte der Zug am 19. Februar 1902 auf der Feuerwache II in Dienst gestellt werden.

Wie erwartet, bewährte sich der Zug auch im praktischen Löschdienst sehr gut, so daß die städtischen Kollegien nach Ablauf der vereinbarten Probezeit von 3 Monaten den Ankauf des Zuges „einstimmig“ beschlossen.

Hiermit gelangte in befriedigender Weise ein Projekt zum Abschluß, dessen Verwirklichung ohne die kräftige Unterstützung seitens der maßgebenden städtischen Behörden, der Offiziere der Feuerwehr und der Fabrikanten nicht möglich gewesen wäre. Ihnen auch an dieser Stelle nochmals aufrichtigsten Dank zu sagen, halte ich für meine vornehmste Pflicht!

I. Beschreibung der Automobil-Zugwache.

Wie schon erwähnt, war die neuerbaute Zugwache II ursprünglich zur Aufnahme eines bespannten, aus drei Fahrzeugen bestehenden Zuges bestimmt. Die nachstehenden Abbildungen zeigen die Wache nach ihrer Vollendung:

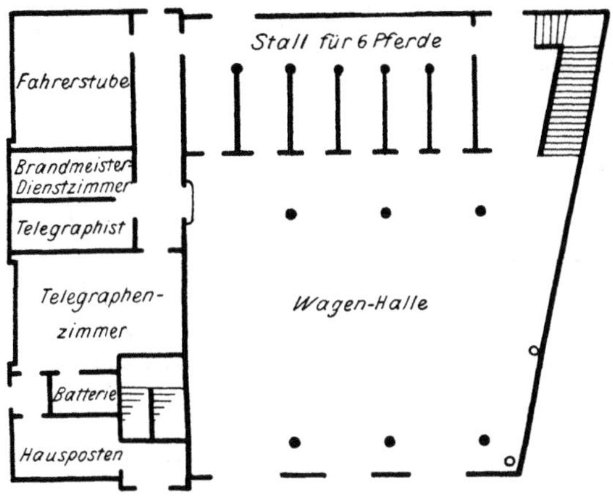

Abb. 1.

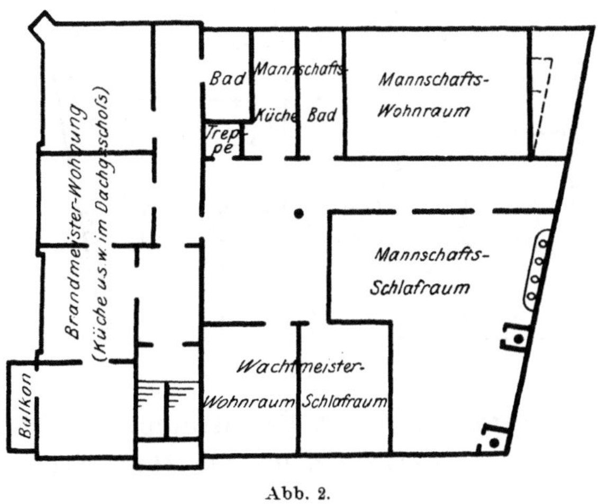

Abb. 2.

Infolge der Belegung der Wache mit einem Automobil-Löschzuge wurden verschiedene bauliche Veränderungen notwendig, die sich leicht und ohne große Kosten ausführen ließen. Die erfolgten Veränderungen sind aus den nachfolgenden Skizzen ersichtlich:

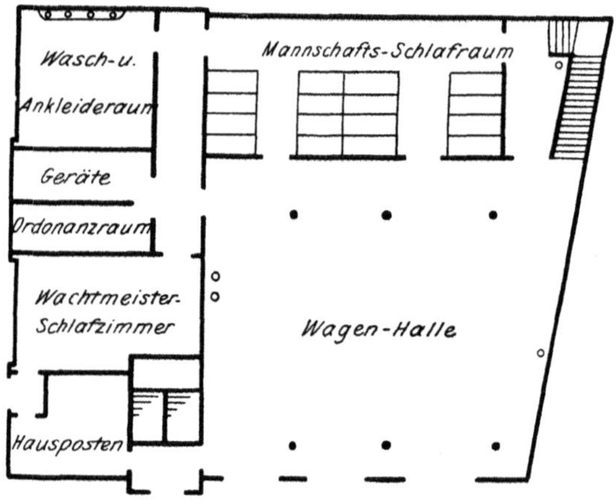

Abb. 3.

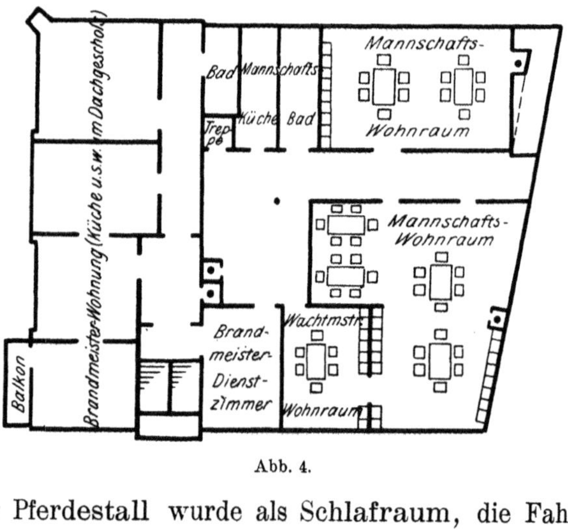

Abb. 4.

Der Pferdestall wurde als Schlafraum, die Fahrerstube als Wasch- und Ankleideraum für die Mannschaften herge-

Abb. 5.
System Gamewell, New York.

richtet. Infolge dessen konnte der ehemalige, im 1. Stock belegene Mannschafts-Schlafraum als Wohnraum für die Mannschaften mit Verwendung finden. Der Schlafraum für die Wachtmeister wurde, da sich nach der Einführung des Feuermelder-Systems Gamewell, New York, ein besonderes Telegraphenzimmer auf der Zugwache als überflüssig erwiesen hatte, von dem Obergeschoß nach dem ehemaligen Telegraphenzimmer im Erdgeschoß verlegt. Der frühere Batterieraum wurde zu dem Hauspostenzimmer hinzugenommen. Hierdurch war es auch möglich, dem Offizier in dem Obergeschoß ein geräumiges Dienstzimmer anzuweisen; die Offiziersordonnanz wurde neben dem ehemaligen Offizier-Dienstzimmer im Erdgeschoß untergebracht. Die Anlage von Gleitstangen, auch in der Brandmeister-Wohnung, die Herstellung von Vorrichtungen zum selbsttätigen Öffnen der Torwege, die Einrichtung einer elektrischen Alarmbeleuchtung u. s. w. vervollständigten die moderne Einrichtung der Zugwache.

Wenn nun auch nicht behauptet werden soll, daß die so veränderte Wache als Ideal einer Automobil-Feuerwache zu bezeichnen ist, so kann doch wohl gesagt werden, daß die zur Durchführung gelangten baulichen Veränderungen die immerhin beschränkten Raumverhältnisse auf der Wache ganz erheblich gebessert haben.

Für den eventuellen Neubau einer Automobil-Zugwache, als Ersatz für die Nebenwache I, würde ich nachstehenden Grundriß als zweckmäßig in Vorschlag bringen.

Bemerkenswert in dieser Grundrißanordnung ist die Gestaltung der Wagenhalle, welche, entgegen den sonstigen Gepflogenheiten, nicht überbaut, sondern mit drei großen Oberlichtfenstern versehen ist. Für den Automobil-Betrieb ist es von der größten Wichtigkeit, die Wagenhalle durch direktes Tageslicht ausgiebig zu erleuchten, damit die maschinellen Teile der Fahrzeuge gründlich untersucht bezw. in Stand gehalten werden können.

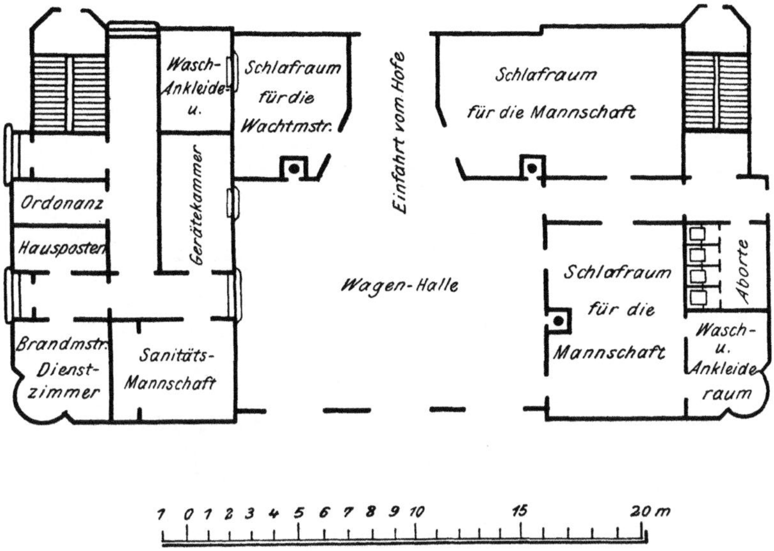

Abb. 6.

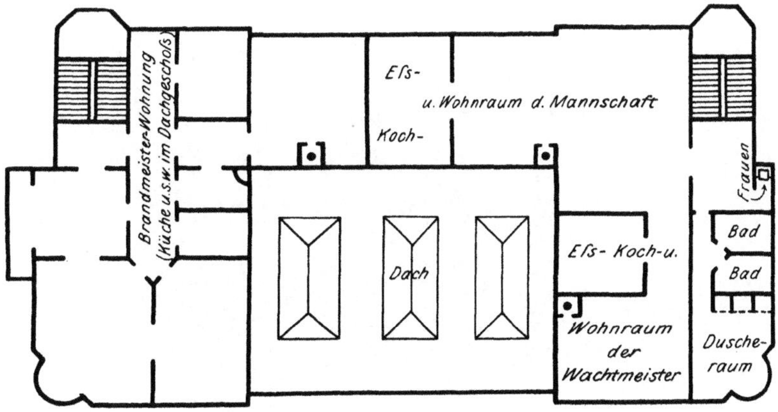

Abb. 7.

Charakteristisch ist die Wagenhalle auch noch insofern, als die Automobile von dem Hofe aus durch eine einzige

Abb. 8.

Einfahrt auf ihre Standplätze fahren können. Diese Anordnung wurde ermöglicht durch die geringe Länge der Automobil-Fahrzeuge. Bei den bespannbaren, mit Deichseln versehenen Fahrzeugen ist wohl stets für jeden Wagenstand eine besondere Einfahrt erforderlich, sofern die Fahrzeuge nicht rückwärts in die Hallen geschoben werden, was allerdings nicht im Interesse des Betriebes liegt.

Die Schlaf-, Wasch- und Ankleideräume für die Chargierten und Mannschaften liegen im Erdgeschoß, und zwar rings um die Wagenhalle, wodurch der Alarm zur Nachtzeit außerordentlich beschleunigt wird. Auf der Zugwache II z. B., woselbst die Schlafräume in gleicher Weise angeordnet sind, verläßt der Automobilzug die Wache etwa 20 Sekunden nach erfolgtem Alarm. In dem Obergeschoß befinden sich neben den Wohnräumen noch besondere Eß- und Kochräume, sowohl für die Mannschaften wie für die Chargierten. Zahlreiche Gleitstangen stellen die Verbindung zwischen Erd- und Obergeschoß her.

Zu beiden Seiten des Wachgebäudes sind Einfahrten vorgesehen; der Hof ist so groß, daß die Automobile, wenn auch nur in beschränktem Maße, Manöver ausführen können. Als Bauplatz ist eine Fläche von etwa 45:45 m = 2025 qm erforderlich.

II. Beschreibung der Automobil-Fahrzeuge.

Der Zug besteht aus 3 Fahrzeugen:

1 Gasspritze, besetzt mit 1 Wachtmeister und 4 Mann,

1 Hydrantenwagen, besetzt mit 1 Offizier, 1 Wachtmeister und 5 Mann, und

1 Dampfspritze, besetzt mit 1 Wachtmeister, 1 Maschinisten und 4 Mann.

Ein Mann fährt dem Zuge mit dem Rade voraus; der Hausposten und die Offiziersordonnanz verbleiben auf der Wache. Die Besatzung der Wache beträgt somit: 1 Offizier, 3 Wachtmeister, 1 Maschinist und 16 Mann. Gasspritze und Hydrantenwagen werden elektrisch, die Dampfspritze wird mit Dampf betrieben.

A. Die Gasspritze.

Preis: 15300 M., excl. Ausrüstung.

Gewicht des Fahrzeuges:

Leer	2492 kg
Batterie	1110 „
Wasser	400 „
Ausrüstung (vergl. Anhang) .	213 „
5 Mann Besatzung	374 „
Totalgewicht	4589 kg

Zulässige Nutzlast: 1200 kg, einschl. Kesselfüllung und Armatur.

Maße des Batterieraumes: 1380 × 1175 × 425 mm.

Anzahl der Sitzplätze: 7.
Größte Geschwindigkeit: 16 km pro Stunde.
Mit einer Ladung zurückzulegende Fahrstrecke: 25 km.
Gummibereifung der Räder: System Kelly.
Durchmesser der Hinterräder: 1170 mm.
Durchmesser der Vorderräder: 865 mm.
Radstand: 2200 mm.
Spurweite: 1480 mm.
Länge des Wagens: 4,58 m.
Höhe des Wagens: 2,36 m.

Die Gasspritze entspricht hinsichtlich der Ausführung genau der beigegebenen Abbildung. Der Kessel ist am hinteren Teile des Fahrzeuges stehend zwischen den Längsträgern eingebaut; die Armaturen u. s. w. entsprechen den bekannten Konstruktionen. Die beiden Kohlensäureflaschen, mit je 8 kg Inhalt, sind auf dem Podest befestigt. Die Akkumulatoren-Batterie befindet sich unter dem Vordersitz. Um die Batterie während des Aufladens gut beobachten zu können, sind die vorderen und seitlichen Sitzplätze zum Aufklappen eingerichtet. Der Raum zwischen Batterie und Kessel dient zur Aufnahme von Geräten. Oberhalb des Gerätekastens sind zwei Schlauchwellen angebracht, welche das Abwickeln des Schlauches nach beiden Seiten des Fahrzeuges gestatten. Über den Schlauchwellen befindet sich ein Leitergerüst für Klapp-Hakenleitern.

Der Führer, der neben der Lenkung des Wagens auch die Regulierung der Fahrgeschwindigkeit und das Bremsen des Wagens übernimmt, sitzt auf der linken Seite, während die Bedienung der Glocke von der den Mittelsitz einnehmenden Person erfolgt.

Der Wagen ist mit 2 Motoren ausgerüstet, von denen jeder für sich ein Hinterrad mittels einfacher Stirnradübersetzung antreibt.

Abb. 9.

Der Fahrschalter für die Inbetriebsetzung der Motore ist um die Lenksäule herum angeordnet.

Ein Notausschalter sorgt dafür, daß der Wagen nicht von Unberufenen in Tätigkeit gesetzt werden kann, indem er den Übergang des Stromes nach den Motoren verhindert, wenn nicht ein passender Schlüssel aus Aluminium eingesteckt wird. Neben dem Notausschalter befindet sich ein Steckkontakt für eine elektrische Handlampe, mit welcher alle Teile des Fahrzeuges unter Verwendung einer langen „Litze“ abgeleuchtet werden können.

Der Ladestromverbrauch pro Wagenkilometer einschl. aller Verluste beträgt etwa 0,8 Kilowattstunden gleich 6,61 Ampèrestunden bei 121 Volt Spannung. Bei einer Ladestromstärke von 45 Ampère beträgt die Ladezeit pro km Fahrt rund 6½ Minuten. Zum Laden der Batterien ist **Gleichstrom** von 121 Volt Spannung notwendig.

Die Batterie, der Fahrschalter und die Motore werden noch bei Abschnitt III näher beschrieben.

Das Untergestell der Gasspritze besteht aus einem die Hinter- und Vorderachse verbindenden, in sich beweglichen Rahmen aus gezogenen Stahlrohren, welcher die horizontal wirkende Kraft von der angetriebenen Hinterachse nach der Vorderachse überträgt. Die Motore, welche conaxial nebeneinander und parallel den Radachsen angeordnet sind, sind drehbar um ihre eigene Achse in einer Schwinge gelagert, welche an der Hinterradachse befestigt wird, die sich ebenfalls um ihre eigene Achse in gewissen Grenzen zu drehen vermag, soweit dieses die an der Schwinge befestigten Federn zulassen. Hierdurch sind die Motore vollständig federnd gelagert, jede Erschütterung während der Fahrt ist ausgeschlossen.

Der Rahmen ist in der Mitte nochmals getrennt zu einem selbständigen Vorder- und Hinterrahmen. Der Vorderrahmen umfaßt hierbei mit seinen beiden hinteren kugelförmigen Längsrohrenden ein Querrohr des Hinterrahmens, während das überragende vordere Ende des Hinterrahmens sich mit einer Querfeder auf den Vorderrahmen stützt. Das ganze Wagenuntergestell paßt sich hierdurch schmiegsam jeder windschiefen Straßenfläche an, ohne sich dabei zu zwängen, wie dies bei steif verbundenen Rahmen der Fall ist.

Das hintere Rahmen-Untergestell ist durch Spiralfedern gegen die Achse abgefedert, während der Wagenkasten in 3 Punkten durch Blattfedern abgefedert wird. Die Fortbewegung des ganzen Wagens, unterstützt von der Gummibereifung, ist dadurch eine äußerst ruhige, sämtliche Teile schonende. Besonders vorteilhaft wirkt eine derartige Abfederung auf die Haltbarkeit der Akkumulatoren-Batterie ein.

Die Unterstützung des Wagenkastens durch 3 Punkte, entgegen der allgemein üblichen durch 4 Punkte, ist eine für elektrische Wagen besonders günstige, weil der stark belastete Kasten sich nur an eine, durch Unebenheiten der Straße hervorgerufene Schwankung der Radachse anzupassen hat, während die andere Achse sich selbst pendelnd an dem Wagenkasten bewegen kann.

Die Lenkung des Wagens geschieht in der heute für Automobil-Fahrzeuge allgemein üblichen Weise, daß vom Steuerrad aus die Übertragung durch Gestänge nach den Achsschenkeln erfolgt, wobei eine geringe Verdrehung des Steuerrades bezw. der Laufräder genügt, um den Wagen von seiner geraden Bahn abzulenken resp. ihn wieder dahin zurückzubringen. Die Gelenke sind hierbei durchweg kugelförmig ausgebildet, wodurch sie sich jeder Lage des Wagenkastens gegenüber dem Untergestell anpassen können. Auf eine solide kräftige Herstellung der Steuerteile ist besonderer Wert gelegt, weil Defekte an diesen Teilen von unabsehbaren Folgen begleitet sein würden.

Die mechanische Bremse ist eine einfache Klotzbremse, welche, vom Führersitz aus betätigt, auf die Radreifen hemmend einwirkt.

Die Laufräder sind aus bestem Hickory-Holz hergestellt und mit Gummibereifung ausgerüstet. Die Achslagerung ist eine einfach zylindrische; zwischen Achsenschenkel und Achsbuchse befindet sich eine lose Metallhülse. Die Achsbuchse ist mit Fettkammern versehen.

Die großen Zahnräder des Stirnradgetriebes, das die Kraftübertragung von den Motoren nach den Laufrädern vermittelt, sind aus Bronze hergestellt, die kleinen Antriebsräder (Ritzel genannt) aus Stahl.

Das Übersetzungs-Verhältnis ist $1 : 8\frac{1}{2}$.

Das Ritzel ist auf der Ankerwelle vermittelst Keil und Schraube befestigt; das größere Zahnrad ist zentrisch durch Schrauben an der Laufradnabe angebracht.

Das ganze Getriebe ist durch einen Radkasten vor Schmutz geschützt.

Das Gewicht des kompletten Untergestelles, also mit Rädern und Motoren, beträgt 1382 kg.

B. Der Hydrantenwagen.

Preis: 10 600 M., excl. Ausrüstung.

Gewicht des Fahrzeuges:

Leer	2283 kg
Batterie	1112 „
Ausrüstung (vergl. Anhang) .	656 „
7 Mann Besatzung	537 „
Totalgewicht	4588 kg

Zulässige Nutzlast: 1200 kg.

Maße des Batterieraumes: 1380 × 1175 × 425 mm.

Anzahl der Sitzplätze: 9.

Größte Geschwindigkeit: 16 km pro Stunde.
Mit einer Ladung zurückzulegende Fahrstrecke: 25 km.
Gummibereifung der Räder: System Kelly.
Durchmesser der Hinterräder: 1170 mm.
Durchmesser der Vorderräder: 865 mm.
Radstand: 2500 mm.
Spurweite: 1480 mm.
Länge des Wagens: 4,82 m.
Höhe des Wagens: 2,05 m.

Die Ausführung des Hydrantenwagens entspricht der beigegebenen Abbildung. Der Vordersitz ist so eingerichtet wie bei der Gasspritze. Die Batterie befindet sich ebenfalls unter den Längssitzen, jedoch so weit nach hinten gerückt, daß der Raum unter dem Vordersitz als Gerätekasten verwendet werden kann. Oberhalb der Längssitze sind 4 Steckleitern untergebracht, welche zugleich die Rückenlehnen dieser Sitze bilden; außerdem besitzt der Wagenkasten in dem unteren Teile einen von vorn bis hinten durchgehenden doppelten Boden, der drei Kammern zur Aufnahme von 2 Hakenleitern und einer Stockleiter bildet. Der ganze hintere Teil des Wagenkastens ist frei zur Unterbringung von Geräten; ein unter dem Wagenboden angebrachter Kasten dient zur Aufnahme von Kohlen für die Dampfspritze. Auf dem Wagenkasten, und zwar in der Achse der Hinterräder sind zu beiden Seiten des Wagens Schlauchwellen angeordnet. Eine dritte, abnehmbare Schlauchwelle für weite Schläuche befindet sich an dem hinteren Teile des Wagens, unterhalb der etwas überstehenden Hakenleitern.

Bezüglich der Bauart des Untergestelles, der elektrischen Ausrüstung, der Leistung u. s. w. des Hydrantenwagens gilt das bei der Gasspritze bereits Gesagte.

Abb. 12.

C. Die Dampfspritze.

Preis: 16 500 M., excl. Ausrüstung.
Gewicht des Fahrzeuges:

Leer	3440 kg
Wasser, Spiritus, Kohlen . . .	476 „
Ausrüstung (vergl. Anhang) .	130 „
6 Mann Besatzung	479 „
Totalgewicht	4525 kg

Anzahl der Sitzplätze: 5.
Stehplatz: 1.
Größte Geschwindigkeit: 20 km pro Stunde.
Gummibereifung der Räder: System Kelly.
Durchmesser der Hinterräder: 1430 mm.
Durchmesser der Vorderräder: 880 mm.
Radstand: 2500 mm.
Vordere Spurweite: 1400 mm.
Hintere Spurweite: 1470 mm.
Länge der Spritze (ohne Schlauchwagen): 4,35 m.
Höhe der Spritze (bis Oberkante Schornstein): 2,19 m.
Leistung der Pumpe: 1000 l pro Minute.
Höchster Dampfdruck: 10 Atm.
Gesamte Heizflächengröße: 5,629 qm.
Größe der Rostfläche: 0,38 qm.

Das unmittelbar hinter dem Vordersitze — vergl. die beigegebene Abbildung — liegende Pumpwerk ist zweizylindrig und doppelwirkend konstruiert. Zwischen Pumpwerk und Kessel, der am hinteren Teile des Fahrzeugs zwischen den Wagenwangen fest eingebaut ist, liegt die kleine Zwillings-Dampfmaschine von ca. 10 P. S., die den Antrieb des Fahrzeuges bewirkt. Die Steuerung dieser Maschine ist die bekannte Stephenson'sche; die Regulierung der Fahrtrichtung und Geschwindigkeit erfolgt durch einen vom Führersitze aus zu betätigenden Hebel. Die Kraftübertragung dieser Maschine auf die Hinterräder geschieht mittels Ketten und Zahnrädern. Die Zahnräder an den Hinterrädern sind mit Innenverzahnung versehen und außen als Bremsscheibe für die Bandbremse ausgebildet. Die Bandbremse ist nur für den Notfall vorgesehen, weil der Führer des Wagens durch den Steuerhebel der Dampfmaschine jede Bremsung des Wagens durch Rückwärtsbewegung bis zum plötzlichen Stillstand erreichen kann.

Zur Lenkung des Wagens ist die Vorderachse nach dem System der Schwenkachse ausgebildet. Die Lenkung erfolgt durch ein Handrad, das ebenso wie der Steuerhebel der Maschine vom Führer bedient werden kann. Während des Betriebes hat es sich jedoch ergeben, daß Hebel und Rad zweckmäßiger durch je einen Mann bedient werden.

Um die stete Betriebsbereitschaft der Spritze zu ermöglichen, wird der Kessel durch einen kleinen Gasbrenner auf ca. 100° C. vorgewärmt. Die Anfahrt der Spritze erfolgt bei Alarm sofort mittels Kohlensäure; während der Fahrt wird mit Spiritus geheizt, der die auf dem Rost liegenden, rauchlos verbrennenden Holzkohlen-Briketts zum Glühen bringt, so daß bei Ankunft auf der Brandstelle mit Kohlen oder Koks weiter gefeuert werden kann. Die Spritze verursacht während der Fahrt weder Geräusch, Geruch, noch eine Spur von Rauch; sie fährt ebenso ruhig wie die elektrischen Automobil-Fahrzeuge.

Die vorstehend geschilderte Antriebsweise der Spritze ist hier konstruiert worden; sie wird in dem Abschnitt IX noch eingehend behandelt werden. Ich habe der Wagen-

Abb. 13.

Abb. 14.

Abb. 15.

Abb. 16.

bauanstalt (vormals W. C. F. Busch) in Bautzen anheimgestellt, sich die Antriebsweise patentamtlich schützen zu lassen.

Schließlich sei noch darauf hingewiesen, daß Automobil-Dampfspritzen, welche bei Alarm nicht sofort mit dem Zuge ausrücken sollen, keiner besonderen Antriebsweise bedürfen; diese Spritzen können in der sonst üblichen Weise angeheizt werden.

III. Die elektrische Ausrüstung der Fahrzeuge.

Die elektrische Ausrüstung besteht aus der Batterie, dem Fahrschalter und den Motoren. Der wichtigste und empfindlichste Teil der elektrischen Ausrüstung ist die Batterie. Von der richtigen Wahl des Batterie-Systems und von der zuverlässigen und sachgemäßen Wartung der Batterie hängt ganz allein der Erfolg bei der Verwendung von elektrischen Automobil-Fahrzeugen ab.

Bevor ich auf das so wichtige Thema näher eingehe, möchte ich besonders hervorheben, daß die Unterhaltung der Batterien auf Wunsch von den Fabriken gegen Zahlung einer bestimmten jährlichen Summe übernommen wird. In diesem Falle sind die unter den Abschnitten III, A, 1 bis 6, und VIII geschilderten Vorgänge bezw. Manipulationen für die betreffende Feuerwehr von geringerem Interesse. In den nachfolgenden Besprechungen werden auch die Grundprinzipien eines Akkumulators als bekannt vorausgesetzt. Denjenigen, welche sich in dieser Hinsicht genauer informieren wollen, können aus der großen Zahl guter Werke zum Studium besonders empfohlen werden:

Dr. Karl Elbs, Die Akkumulatoren. Leipzig. Johann Ambrosius Barth. 1901. Preis 1 M.

Paul Schoop, Handbuch der elektrischen Akkumulatoren, Stuttgart. Ferdinand Enke. 1898. Preis 12 M.

Johannes Zacharias, Die Akkumulatoren zur Aufspeicherung des elektrischen Stromes, deren Anfertigung, Verwendung und Betrieb. Jena. Hermann Costenoble. 1901. Preis 22 M.

A. Die Batterie.

Das für Automobil-Fahrzeuge zu wählende Akkumulatoren-System muß, ohne Schaden zu nehmen, große Beanspruchung in Bezug auf hohe Entladeströme, Erschütterungen u. s. w. vertragen können. Dieser Bedingung entsprechen die sogenannten Gitterakkumulatoren, bei denen die wirksame Masse in gitterförmigen Bleiträgern eingetragen wird, nicht. Bei derartig konstruierten Akkumulatoren löst sich die aufgetragene Masse der positiven Platten infolge der Erschütterungen und der häufig hohen Anfahrtsströme schnell los, wodurch Kurzschluß und vollständiger Verfall des Akkumulators nach kurzer Zeit des Betriebes herbeigeführt wird.

Für die hiesigen Automobil-Fahrzeuge wurde der von der Akkumulatoren-Fabrik-Aktien-Gesellschaft Berlin-Hagen i. W. hergestellte Akkumulator gewählt, welcher die oben beschriebenen Mängel nicht zeigt. Bei diesem Akkumulator wird die wirksame Masse nicht in die positiven Platten eingetragen, sondern durch die Wirkung des elektrischen Stromes auf der Plattenoberfläche erzeugt; die aktive Masse sitzt absolut fest auf den Bleiträgern. Die positive Platte hat die bekannte Rippenform und besteht aus reinem Weichblei; die negative Platte besteht aus einem Bleigitter, in welches die aktive Masse eingetragen wird.

1. Beschreibung der Batterie.

Die Batterie eines Fahrzeuges besteht aus 44 Elementen; je 11 Elemente sind in einen Holzkasten eingebaut. Ein Element setzt sich zusammen aus 5 positiven Platten und 6 negativen Platten von den Abmessungen 175 × 200 × 6 mm bezw. 175 × 200 × 5 mm. Die positiven Platten haben an

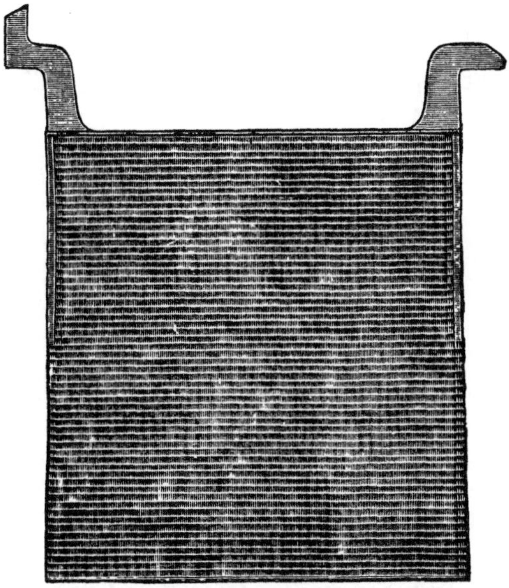

Abb. 17.
Positive Platte.

dem oberen Rande Ösen, durch welche Glasrohre (Elektrodenträger genannt) gesteckt sind. Letztere ruhen auf entsprechenden Ausschnitten auf dem oberen Rande der negativen Platten, so daß also die positiven Platten von den negativen Platten mitgetragen werden. Um die Platten gegeneinander zu isolieren, werden Glasrohre verwendet. Die positiven sowohl wie die negativen Platten sind durch je einen Steg unter sich verbunden, an welchem sich die „Bleifahnen“ befinden.

Die positiven Platten zeigen eine dunkelbraune, die negativen eine hellgraue Färbung.

Die Platten jedes Elementes sind in Hartgummikästen eingebaut, deren Abmessungen 200 × 305 × 125 mm betragen, bei einer Wandstärke von 4 mm. Auf dem Boden der Hartgummikästen befindet sich ein 30 mm hoher Hartgummirahmen, auf welchem die negativen Platten mit seitlich an der Unterkante befindlichen Nasen aufliegen.

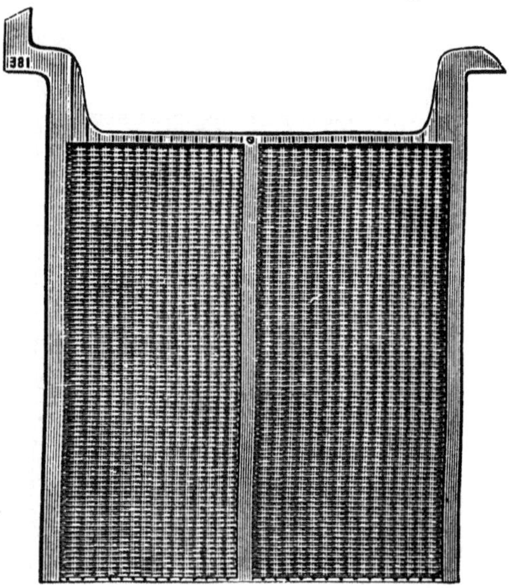

Abb. 18.
Negative Platte.

Das Element wird bis 1 cm über die Oberkante der Platten mit einer Mischung aus chemisch reiner Schwefelsäure und destilliertem Wasser im spezifischen Gewicht von 1,18 gefüllt.

Um das Eindringen von Staub u. s. w., sowie das Überlaufen von Säure während der Fahrt zu verhindern, wird das Element mit einer 3 mm starken Weichgummiplatte lose abgedeckt.

Das Gewicht eines kompletten Elementes beträgt ca. 23,5 kg.

Die Elemente werden untereinander durch Bleifahnen verbunden, und zwar in der Weise, daß von dem negativen Plattensatze (6 Platten) eines Elementes eine Bleifahne nach dem positiven Plattensatze (5 Platten) des zweiten Elementes führt und ebenso von dem negativen Plattensatze des zweiten

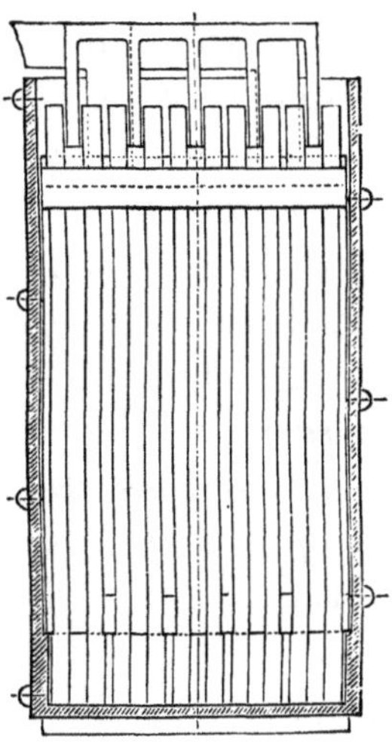

Abb. 19.
Element in Hartgummikasten
(Schnitt durch die Platten).

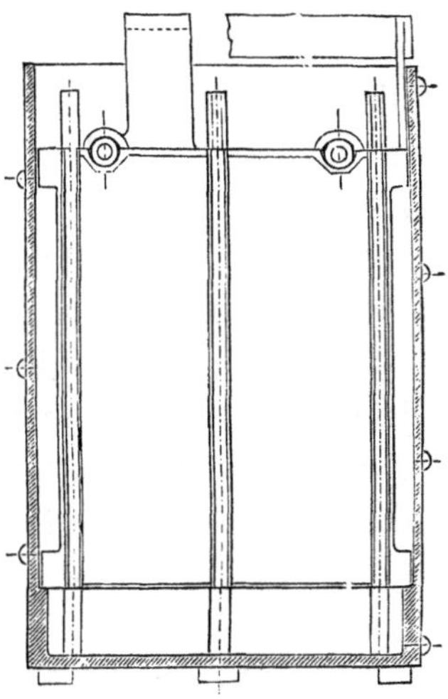

Abb. 20.
Element in Hartgummikasten
(Ansicht der Platten).

Elementes nach dem positiven Plattensatze des dritten Elementes u. s. w. Das Verbinden der Bleifahnen geschieht durch inniges Verlöten.

Die 11 Elemente sind in einen Batteriekasten mit den Abmessungen 665 × 580 × 370 mm eingebaut. Der Kasten, welcher aus Holz besteht, ist innen mit einem säurebeständigen Material (Isolazitplatten) ausgekleidet. Die Außenwände des Kastens und die Räume des Fahrzeuges, in welchem die Kästen zur Aufstellung gelangen, müssen mit einem säurebeständigen Anstrich versehen sein. Kästen und Batterieräume haben ein bezw. zwei Abflußrohre für Säure. Ein Batterie-Kasten mit 11 Elementen wiegt ca. 280 kg.

Vier Kästen mit je 11 Elementen bilden die Batterie eines Fahrzeuges. Die Kästen werden mit einander durch isolierte Kabel verbunden. Das Gewicht einer kompletten Batterie beträgt ca. 1100 kg.

Die Batterien der beiden elektrischen Automobil-Fahrzeuge sind ganz gleich gebaut. Alle 8 Kästen haben genau dieselben Dimensionen. Für beide Batterien ist ein Reserve-Kasten von gleicher Abmessung mit 11 Elementen vorgesehen. Die Einteilung der Batterien in je vier Kästen ist von großer Wichtigkeit für den Betrieb. Kästen zu 11 Elementen lassen sich noch leicht ein- und ausschieben bezw. transportieren, auch kann eine beschädigte Batterie (11 Elemente) schnell durch die Reserve-Batterie ersetzt werden.

Bei dem Einbauen der Batterie ist besonders auf gute Isolierung der leitenden Teile und darauf zu achten, dass jede Eigenbewegung der Batterie bezw. der einzelnen Teile derselben ausgeschlossen ist.

Vor der Inbetriebnahme eines elektrischen Automobil-Fahrzeuges empfiehlt es sich, einen geeigneten Chargierten bei derjenigen Akkumulatoren-Fabrik, welche die Batterie liefert, in der Unterhaltung und Wartung der Batterie gründlich ausbilden zu lassen. Vier Wochen dürften hierfür genügen; der Betreffende ist dann imstande, andere Chargierte auszubilden.

Die Wartung der Batterie ist zwar eine sehr einfache, doch muss sie absolut zuverlässig erfolgen, wenn die Batterie gut funktionieren soll.

2. Das Laden der Batterie.

a) Erste Ladung.

Die fertig eingebaute Batterie wird durch das Ladekabel mit dem Schaltbrett verbunden. Der Ladestrom muß bei dem positiven Pol der Batterie ein- und bei dem negativen Pol austreten. Falsches Anschließen der Pole macht die Batterie in kurzer Zeit unbrauchbar.

Die erste Ladung der Batterie hat 15 Stunden lang mit voller vorgeschriebener Stromstärke (45 Ampère) ohne Unterbrechung zu erfolgen. Nach dieser Zeit muß die Spannung der Elemente 2,75 Volt betragen, auch müssen die Elemente gleichmäßig gasen. Sollten einzelne Elemente im Gasen zurückbleiben, so sind sie sofort auf Kurzschluß zu untersuchen und ist letzterer zu entfernen. Wenn alle Elemente gleichmäßig gasen und die vorgeschriebene Spannung, $2{,}75 \times 44 = 121$ Volt, zeigen, wird die Ladung unterbrochen. Die Batterie bleibt nun eine Stunde stehen, so daß die Elemente weder Strom erhalten noch abgeben können. Während dieser Zeit fällt die Spannung in den Elementen auf 2,1 Volt. Nunmehr wird wiederum mit voller Stromstärke bis zur lebhaften Gasentwickelung bezw. bis auf 2,75 Volt Spannung geladen, dann die Batterie abermals abgeschaltet und wiederum eine Stunde im Ruhezustande gelassen. Das Laden mit Ruhepausen hat solange zu erfolgen, bis die Batterie sofort nach dem Einschalten der vollen Stromstärke kräftig Gas entwickelt und eine gleichmäßige Spannung von 2,75 Volt pro Element zeigt. Gegen Ende der Ladung sinkt die Stromstärke allmählich von 45 auf ca. 20 Ampère.

Während des Ladens ist die Säuredichte öfter mit dem „Schnellsäuremesser" zu kontrollieren; sie muß gegen Ende der Ladung in allen Elementen gleichmäßig 1,23 betragen.

Die Spannung der einzelnen Elemente wird mit dem „Taschen-Voltmeter“ gemessen; diese Messungen sind gegen Ende der Ladung unausgesetzt vorzunehmen.

Sobald das „Nachgasen“ der Elemente aufgehört hat, werden die Gummideckplatten aufgelegt und die Batterie ist zur Stromabgabe für das Fahrzeug fertig.

Wenn eine Batterie nach längerer Betriebspause wieder benutzt werden soll, so ist mit voller vorgeschriebener Ladestromstärke bis zur Gasentwickelung aufzuladen, alsdann die Ladung zu unterbrechen und, wie oben beschrieben, weiter zu verfahren.

Dieselbe Methode ist anzuwenden, wenn die Entladung eine derart langsame ist, daß eine Wiederladung erst nach mehreren Wochen erfolgt.

Im Interesse der Erhaltung der Batterie ist es zweckmäßig, das Fahrzeug täglich einige Kilometer laufen zu lassen.

b) Entladung.

Die normale Entladung kann mit einer Stromstärke bis zu 83 Ampère auf die Dauer einer Stunde erfolgen. Bei zweistündiger Entladezeit beträgt die Gesamtentnahme 110 Ampèrestunden.

Die garantierte Kapazität wird indessen der Batterie im Interesse ihrer Erhaltung in keinem Falle vollständig entnommen.

Während der Entladung sinkt die Spannung der Elemente von 2,2 Volt allmählich auf 1,8 Volt. Bei geringerer oder gar keiner Stromentnahme ist die Spannungshöhe kein Merkmal für die Entladegrenze. Es ist dann vielmehr nur in der Dichte der Säure ein Maßstab für dieselbe zu finden, weil die Säuredichte nahezu proportional der entnommenen Strommenge sinkt.

Soll die Batterie längere Zeit außer Betrieb gesetzt werden, so darf sie nur in geladenem Zustande stehen bleiben. Die Batterie muß dann monatlich einmal bis zur Gasentwickelung geladen werden, auch wenn in der Zwischenzeit Strom von ihr nicht entnommen worden ist.

Dauert die Unterbrechung des Betriebes voraussichtlich sehr lange, so empfiehlt es sich, die Batterie auszubauen.

c) Wiederaufladung.

Ist einer Batterie Strom entnommen worden, so muß sie möglichst bald, spätestens jedoch innerhalb der nächsten 24 Stunden wieder aufgeladen werden.

Zu diesem Zwecke werden zunächst die Deckel des Batterieraumes geöffnet und die Gummideckplatten einzelner Elemente abgenommen, um diese Elemente beim Laden beobachten zu können. Alsdann wird das Ladekabel mit der Batterie verbunden und der Strom eingeschaltet.

Das Voltmeter wird zu Beginn der Ladung selten mehr wie 100 Volt Spannung zeigen; die Spannung steigt dann langsam bis 105 Volt und bleibt auf diesem Punkte, je nach dem Grade der Entladung der Batterie, längere Zeit stehen, um gegen Ende der Ladung schneller zu steigen. Bei 121 Volt Spannung ist die Batterie geladen. Gasentwickelung, Säuredichte und Spannung sind während des Ladens, wie bereits unter a) beschrieben, zu beobachten bezw. zu messen.

Nach beendeter Ladung wird der Strom ausgeschaltet und das Ladekabel entfernt. Sobald die Elemente nicht mehr gasen, werden die Gummideckplatten wieder aufgelegt und die Deckel des Batterieraumes geschlossen.

d) Nachladung.

Die Nachladung eines in der Gasentwickelung zurückbleibenden Elementes ist eine wichtige Aufgabe des mit dem

Laden der Batterie betrauten Beamten. Zunächst ist zu versuchen, das Element durch Weiterladen zur Gasentwickelung zu bringen. Dies Verfahren ist jedoch nur in beschränktem Maße anzuwenden und nach Möglichkeit zu vermeiden. Man lade in solchen Fällen höchstens 1 Stunde länger. Genügt dies nicht, so muß das Element ausgeschaltet werden. Zu diesem Zweck löst man die Verbindungen des Elementes durch Durchschneiden der Bleifahnen, schaltet das Element aus und überbrückt die zunächst belegenen beiden Elemente. Nach erfolgter Instandsetzung des Elementes wird dasselbe gelegentlich der nächsten Aufladung der Batterie in diese wieder eingeschaltet.

e) Überladung.

Eine Überladung, d. h. eine Aufladung mit Ruhepausen in der unter a) beschriebenen Weise hat zu erfolgen:

1. Alle drei Monate einmal, um das auf den Platten haftende überschüssige Sulfat zu Schwefelsäure zurückzubilden;
2. Wenn entgegen der Vorschrift eine Entladung über die angegebene Ampèrestundenzahl stattgefunden hat.

Während des Ladens darf man sich den Elementen mit einer offenen Flamme (Lötlampe, Streichholz, Cigarre u. s. w.) nicht nähern, weil Knallgas erzeugt wird, welches gefährliche Explosionen verursachen kann.

3. Die Säure.

Zur Füllung der Elemente dient verdünnte, chemisch reine Schwefelsäure von 1,18 spezifischem Gewicht.

Das Nachfüllen von Säure in die Elemente hat zu erfolgen, sobald die Säure in denselben nicht mehr 1 cm über den Platten steht. Als Nachfüllflüssigkeit darf nur verwendet werden:

1. Destilliertes Wasser, wenn der Säuregehalt über 1,19 spez. Gewicht im geladenen Zustande der Elemente beträgt;

2. Säure vom spez. Gewicht 1,18, wenn der Säuregehalt unter 1,18 im geladenen Zustande der Elemente beträgt.

In der Regel wird man 4 bis 5 mal mit destilliertem Wasser nachfüllen können, ehe eine Nachfüllung mit verdünnter Schwefelsäure von 1,18 spez. Gewicht nötig wird.

Die Verwendung konzentrierter Säure zur Herstellung der Nachfüllflüssigkeit ist durchaus unzulässig.

Die Säure muß entweder von der Akkumulatoren-Fabrik oder von einer seitens der Fabrik angegebenen Bezugsquelle entnommen werden. In dem letzteren Falle ist bei der Bestellung der Schwefelsäure zu bemerken, daß sie zum Füllen von Elementen der Akkumulatoren-Fabrik Aktien-Gesellschaft Berlin-Hagen i. W. verwendet werden soll.

4. Das Löten.

Das Löten der Bleifahnen ist mit der größten Sorgfalt auszuführen, weil sonst Störungen in der Batterie unausbleiblich sind.

Zum Löten bedient man sich des Knallgasgebläses, einer Mischung von verdichtetem Wasserstoff und Sauerstoff. Beide Gase werden aus Stahlflaschen, welche mit Reduzierventilen versehen sind, in einen Mischhahn geleitet. Von hier gelangen sie durch einen Gummischlauch nach dem Lötrohr. Der Wasserstoff wird zuerst angestellt und an der Spitze des Lötrohres entzündet; alsdann wird der Sauerstoff vorsichtig angestellt und die Flamme so reguliert, daß sie einen etwa 3 mm langen blauen Lichtkegel bildet. Mit dieser Stichflamme werden die keilförmig zugeschnittenen, sorgfältig gereinigten Bleifahnen unter Verwendung einer Lötzange und Lötblei innig miteinander verschmolzen. Zeigen sich durch Hin- und Herbiegen der fertigen Lötstellen mittels einer Flachzange keine Risse, dann ist die Lötstelle gut. Während des Lötens ist das betreffende Element abzudecken, um das Hineinfallen von Bleistückchen zu verhindern. Als Lot darf nur Weichblei verwendet werden.

Beim Abstellen des Knallgasgebläses muß stets zuerst die Sauerstoffflasche geschlossen werden.

5. Die Kapazitätsprobe.

Unter Kapazität versteht man die Energiemenge, welche einer Batterie bis zur völligen Erschöpfung derselben entnommen werden kann. Die garantierte Kapazität der hier in Verwendung befindlichen Batterien beträgt 83 Ampèrestunden bei einstündiger und 110 Ampèrestunden bei zweistündiger Entladung.

Um Gewißheit über diese Leistungsfähigkeit der Batterie zu haben, muß sie von Zeit zu Zeit einer Kapazitätsprobe unterzogen werden. Die Probe findet in der Weise statt, daß ein vollaufgeladener Batteriekasten in einem „Wasserwiderstande“ entladen wird, und zwar mit einer konstanten Stromstärke von 50 Ampère zwei Stunden lang. Spannung und Säuredichte werden in den ersten $1^1/_2$ Stunden viertelstündlich, dann alle 5 Minuten gemessen. Zeigt jedes Element nach einer zweistündigen Entladung noch 1,8 Volt Spannung und eine Säuredichte von 1,17 bis 1,18, so ist die Batterie in Ordnung. Die Messungen sind genau nach der Zeit zu notieren.

Am Ende der Probe machen sich etwa vorhandene Fehler in der Batterie bemerkbar. Die fehlerhaften Elemente zeigen keine oder nur eine ganz geringe Spannung; ebenso ist die Säuredichte viel geringer als bei den guten Elementen. Die fehlerhaften Elemente müssen herausgenommen und genau untersucht werden.

Nach der Kapazitätsprobe ist die Batterie sofort wieder aufzuladen.

Ist es notwendig, den ganzen Kasten auszubauen, dann werden die Bleifahnen durchschnitten, die Elemente herausgenommen und auch diese ausgebaut. Die negativen Plattensätze müssen sofort in destilliertes Wasser gelegt werden, um eine Verbindung der Platten mit dem Sauerstoff der Luft zu verhüten. Erst nach zwei Tagen dürfen die negativen Platten aus dem destillierten Wasser herausgenommen und zum Trocknen aufgestellt werden. Die positiven Platten können sofort nach Durchziehen derselben durch destilliertes Wasser getrocknet werden. Die Säure ist aus den Hartgummikästen auszugießen, der vorhandene Bleischlamm zu entfernen; die Kasten sind sauber zu spülen.

Der Batteriekasten ist ebenfalls zu reinigen, die auf dem Boden desselben etwa vorhandenen Schwefelsalze sind zu entfernen. Schließlich wird die säurefeste Auskleidung des Kastens untersucht und der Kasten innen und außen mit flüssigem Isolazit gestrichen.

Nach etwa 5 Tagen kann die Batterie wieder zusammengebaut werden. Sofort nach dem Zusammenbau muß die Batterie wieder aufgeladen werden.

6. Auftretende Fehler in der Batterie.

a) Kurzschluss und dessen Folgen.

Hauptbedingung für die Wirksamkeit einer Batterie ist, daß die positiven (braune) und die negativen (graue) Platten eines Elementes vollkommen isoliert von einander sind,

d. h. keine metallische Verbindung untereinander haben. Jede stromleitende Verbindung beider Plattenarten im Element bewirkt eine Entladung des betreffenden Elementes, welche nicht nur Störungen im Betriebe veranlaßt, sondern auch besonders nachteilig auf die Lebensdauer der Platten einwirkt. Eine solche stromleitende Verbindung nennt man „Kurzschluß“. In allen Fällen äußert sich der Kurzschluß dadurch, daß das betreffende Element nicht gleichzeitig mit den übrigen zur Gasentwickelung kommt und die Säure ein entsprechend geringeres spez. Gewicht hat.

Ein Kurzschluß kann entstehen:

1. Durch direkte Berührung zweier benachbarter Platten;
2. Durch stromleitende Stoffe, abgetropftes Lötblei, Bleischwamm, Bleischlamm, Bleioxyd u. s. w.

Eine direkte Berührung zweier benachbarter Platten kann durch Krümmen einer positiven Platte entstehen. Derartige Krümmungen werden verursacht durch schiefe oder unregelmäßige Glasrohrstellung, durch übermäßige Beanspruchung der Batterie oder durch vorhergegangenen Kurzschluß.

Abgetropftes Lötblei führt leicht zu starkem Kurzschluß: es muß daher sorgfältig entfernt werden.

Ein Gleiches gilt von Bleistaub, der, durch die Bewegung der Flüssigkeit beim Laden von den Platten abgespült, sich auf günstigen Ablagerungsflächen, z. B. den Wandungen schief stehender Glasrohre, niederschlägt. Der Bleistaub, der anfänglich nur in geringem Maße stromleitend wirkt, nimmt mit der Zeit eine metallische Struktur an und bewirkt dadurch Kurzschluß.

Holz- und Strohteilchen, welche beim Einfüllen der Säure in die Elemente geraten, legen sich quer unter die Platten und bilden dort eine Ablagerungsstelle für abfallende Bleiteilchen.

b) Auffinden und Entfernen eines Kurzschlusses.

Ein Element, das nicht gleichzeitig mit den übrigen zur Gasentwickelung gelangt, muß sofort gründlich untersucht werden.

Zunächst ist festzustellen, ob sämtliche Zwischenräume zwischen den Platten frei sind. Sofern die Säure klar und nicht durch aufgewirbelte Masse getrübt ist, kann man, ev. unter Zuhilfenahme einer Glühlampe, deutlich bis auf den Boden sehen. Hat man einen Schluß (Lötblei, Bleischwamm u. s. w.) zwischen den Platten gefunden, so entfernt man ihn vorsichtig mit einem dünnen, höchstens 2 cm breiten Holzstäbchen. Hierbei ist ein Berühren der positiven Platten möglichst zu vermeiden. Die Benutzung von Metallstäbchen ist durchaus unzulässig.

Sollten sich dagegen 2 Platten bereits berühren, was übrigens bei nur einiger Aufmerksamkeit in der Wartung der Batterie nicht vorkommen darf, so sind zunächst die Platten durch Zwischenschieben von dünnem Glasrohr oder von Glasstreifen zu trennen. Ist dieses nicht mehr möglich, so ist das Element auseinander zu nehmen und die betreffende krumme Platte zu richten bezw. gegen eine andere zu vertauschen.

Es ist streng zu verbieten, planlos mit einem Holzstabe zwischen den Elementen hindurchzufahren in der Absicht, einen Kurzschluß dadurch zu entfernen. Jede unnötige Berührung der Platten ist zu vermeiden und nur in den äußersten Fällen zulässig, doch sollen auch dann möglichst nur die negativen Platten berührt werden.

Die Untersuchung eines in der Gasentwickelung zurückbleibenden Elementes darf nicht eher beendet werden, als bis der Grund des Nachbleibens gefunden, der Kurzschluß entfernt und man sicher ist, daß sich das Element nunmehr frei von Kurzschluß befindet.

c) Verhinderung der Kurzschlussbildung.

Bei einer sachgemäßen Behandlung der Batterie treten Kurzschlüsse in den Elementen nur höchst selten auf, weil die Ursachen, welche Kurzschlüsse herbeiführen, leicht vermieden werden können.

Die Glasrohre z. B. sind stets in gerader Linie und vertikaler Lage zu halten. Zerbrochene Rohre, auf deren Rand eine Ablagerung möglich ist, sind sofort zu ersetzen.

Die Krümmung einer Platte schreitet nur allmählich fort; durch rechtzeitiges Dazwischenschieben eines Glasrohres kann eine Berührung mit der benachbarten Platte leicht verhindert werden. Gekrümmte Platten sind durchaus betriebsfähig und bedürfen keiner Auswechselung.

Das Hineinfallen von fremden Stoffen in die Elemente, wie Staub, Holzteilchen, Kalk u. s. w., muß unbedingt verhindert werden.

Die Bildung von Bleischlamm, das ist zu schlammigem Blei reduzierte Füllmasse, wird durch starke Überladung und Auflösung der Masse auf den negativen Platten veranlaßt.

Die Wartung der Batterie ist, wie bereits gesagt, eine sehr einfache, doch muß sie absolut zuverlässig erfolgen. Geschieht dieses, dann wird die Batterie stets tadellos funktionieren. Bei den hier in Betrieb genommenen Batterien ist noch nicht ein einziges Mal die geringste Störung vorgekommen.

B. Der Fahrschalter.

Der Fahrschalter hat die Aufgabe, den Motoren die zur Erlangung der verschiedenen Fahrgeschwindigkeiten nötigen Stromstärken von der Batterie aus in richtiger Weise zuzuführen, sowie die Stromwendungen für Vorwärts-

oder Rückwärtsfahrt zu bewerkstelligen und den Bremsstrom nach den Widerständen zu leiten bezw. die Anker kurz zu schließen.

Der Fahrschalter hat eine Nullstellung, 4 Vorwärts-, 2 Rückwärtsfahrstellungen und 3 Bremsstellungen. Die Stellungen sind auf dem oberen Fahrschalterdeckel durch Nummern deutlich sichtbar markiert. Nr. 2 und 4 für Vorwärts- bezw. Nr. 2 für Rückwärtsgang sind die eigentlichen Fahrstellungen, während Nr. 1 und 3 Übergangsstellungen sind, welche die Motore vor allzu plötzlichen Stromstößen schützen sollen.

1. Vorwärtsfahrt.

In Stellung 1 und 2 vorwärts sind die beiden Motore hintereinander geschaltet, wobei die Spannung pro Motor auf die Hälfte herabgesetzt und dementsprechend auch die Geschwindigkeit und Leistung ohne Energieverlust vermindert wird, was bei Widerstandschaltung nicht der Fall wäre. Es eignet sich daher diese Stellung speziell für langsame Fahrt.

In Stellung 1 ist, wie bereits erwähnt, Widerstand vorgeschaltet, um den Anker vor Aufnahme allzugroßer Stromstärke zu schützen.

In Stellung 3 und 4 vorwärts sind die Motore parallel geschaltet, sie nehmen nun gleichmäßig die ganze Spannung auf und können ihre volle Leistung, in diesem Falle je 2,5 P. S. normal und maximal bis zu 4,3 P. S. entwickeln.

Stellung 3 vermittelt hierbei dasselbe wie Stellung 1.

2. Rückwärtsfahrt.

Diese Stellung entspricht vollständig der Stellung 1 und 2 vorwärts, nur mit dem Unterschiede, daß der Strom die Anker in entgegengesetzter Richtung zu durchlaufen hat, wodurch auch die Drehung in entgegengesetzter Richtung erfolgt. Die Stellungen 3 und 4 sind hier nicht nötig, weil es nur darauf ankommt, den Wagen durch Rückwärtsfahrt manövrierfähig zu machen, wobei eine größere Geschwindigkeit nur gefahrbringend sein könnte.

3. Elektrische Bremse.

Durch die elektrische Bremse werden die Motore nach stufenweisem Ausschalten eines Widerstandes kurz geschlossen, während gleichzeitig durch den Fahrschalter die Verbindungen der Motore umgeschaltet werden. Der Motor wirkt nun, durch die lebendige Kraft des Wagens angetrieben, sofort als Dynamo und entwickelt je nach der Größe des Widerstandes bezw. der Umdrehungszahl einen starken Gegenstrom. Bei Bremsstellung 1 ist der ganze Widerstand, bei Stellung 2 der halbe und bei der 3. Bremsstellung kein Widerstand eingeschaltet.

4. Bauart des Fahrschalters.

Der Fahrschalter ist zentrisch um die aus Stahlguß bestehende Steuersäule angeordnet; durch letztere führt die Steuerwelle: Die in 12 Reihen angeordneten, zeitweilig unterbrochenen Kontaktringe trägt ein hohler Zylinder von 120 mm lichter Weite. Die Kontakte aus Messing sind im Innern des Zylinders verschraubt und ihren verschiedenen Funktionen entsprechend durch Kupferleitungen untereinander verbunden.

Die Stabilitwalze, welche unten und oben durch Kugelteller tragende Fassungsringe abgeschlossen ist, bewegt sich auf Kugellagern, wodurch ein leichtes und sicheres Einspringen der mit der Walze verbundenen Arretierscheibe in die entsprechenden Fahrstellungen ermöglicht wird und daher ein Verbrennen der Kontaktstücke und Bürsten durch

Stehenbleiben der Walze auf halber Stellung so gut wie ausgeschlossen ist.

Die Stromabnahme von und zur Walze erfolgt durch 11 leicht federnde Kontaktfinger; der Hauptstromabnehmer ist mit magnetischer Funkenlöschung versehen.

Die Funkenlöschspule, aus 60 Windungen isolierten Kupferdrahtes bestehend, liegt zentrisch um die Steuersäule unterhalb des unteren Kugellagers; unmittelbar über ihr der Hauptstromunterbrecher. Die Spule ist in den Hauptstromkreis eingeschaltet, wodurch die magnetische Ausblasung entsprechend der sie durchfließenden größeren oder kleineren Strommenge eine kräftigere oder geringere wird.

Der ganze Fahrschalter ist mit einem Zinkblechmantel, welcher innen mit Isolation versehen ist, staub- und wasserdicht abgeschlossen.

Die Betätigung der Walze erfolgt durch ein seitlich hervorragendes Handradsegment und zwar jeweilig im Sinne der Fahrtrichtung durch Vorwärts- oder Rückwärts-Bewegung des Radsegmentes.

Um ein plötzliches Einschalten von Vorwärts- auf Rückwärtsgang während der Fahrt zu vermeiden, ist zwischen der 3. Bremsstellung und ersten Fahrstellung rückwärts ein Anschlag angebracht, welcher beim Übergang erst gehoben werden muß.

Der Vorschaltwiderstand, dessen Widerstandsspulen aus Nickelindraht gewickelt sind, ist für 32 Ampère Dauerstrom und 64 Ampère Übergangsstrom bei 72 Volt Spannung berechnet. Die Spulen sind in einem Eisenrahmen isoliert eingebaut und von einem Kasten aus perforiertem Eisenblech, welches die Wärmeabfuhr ermöglicht, umgeben. Der ganze Widerstand ist unter dem Wagenkasten angeordnet.

Um sich von dem jeweiligen Zustand der Batterie sowie über den Strombedarf der Motore ein klares Bild zu verschaffen, ist ein kombiniertes Präzisions-Volt-Ampèremeter installiert. Beide Instrumente sind aperiodisch gedämpft, wodurch das lästige Pendeln der Zeiger in Wegfall kommt und der richtige Stromverbrauch sowie die Spannung sofort abgelesen werden können. Die in einem gefälligen kleinen Aluminiumkasten eingebauten Instrumente befinden sich gegenüber dem Führersitz.

Zwei Bleisicherungen für 100 Ampère Abschmelzstromstärke sichern die Motore gegen Durchbrennen der Wickelung.

Ein Steckkontakt aus Aluminium stellt die Verbindung des Hauptstromkreises her. Ein weiterer doppelter Steckkontakt mit markiertem positiven und negativen Pol zur Ladung der Batterie befindet sich seitlich am Wagen.

Der Isolation der Kabelleitungen ist besondere Sorgfalt zu widmen: Vernachlässigung der Isolation würde sich in der Kabelleitung bei größeren oder kleineren Kurzschlüssen besonders unliebsam bemerkbar machen. Letztere können durch Blankscheuern der Drähte an Eisenteilen oder der Drähte gegen einander, sowie durch einwirkende Nässe leicht hervorgerufen werden.

Die hier verwendeten Kabel, aus 19 dünnen verzinnten Kupferdrähten von 1,5 mm Durchmesser bestehend, sind mit einer Lage Gummiband, einer Baumwollumspinnung und einer kräftigen, mit Isolazit getränkten Baumwollumklöppelung isoliert und außerdem noch mit einem Gummischlauch überzogen.

Vom Fahrschalter aus werden die Kabel, vereinigt mit den Leitungen der Instrumente und des Steckkontaktes, unter dem Wagenkasten zu den Motoren, Sicherungen, Widerständen und dem Akkumulatorenraum geführt. Hierbei werden die Kabel nochmals mit einer mit Isolazit getränkten Leinewand umhüllt und mit Holzbrücken am Wagenkasten befestigt. Eine mechanische Verletzung von außen her, sowie ein Eindringen von Säure oder Nässe ist somit vollständig ausgeschlossen.

Die bei der Handhabung des Fahrschalters zu beachtenden Vorschriften werden bei Abschnitt X „Das Fahren" genauer angegeben werden.

C. Motore.

Für den Betrieb elektrischer Fahrzeuge findet durchweg der Hauptstrommotor Verwendung, weil er infolge seiner größeren Anzugskraft und Regulierfähigkeit hierzu besser geeignet ist, als der Nebenschlußmotor.

Die für die hiesigen Fahrzeuge verwendeten Motore sind ebenfalls Hauptstrommotore, welche bei 79 Volt Spannung und 600 Umdrehungen je 2,5 P.S. intermittierend zu leisten vermögen und für kurze Zeit je 4,3 P.S., zusammen also 8,6 P.S. entwickeln können, wobei sich die Umdrehungszahl auf 410 erniedrigt. Die Feld- und Ankerwickelung ist der hohen auftretenden Stromstärken wegen im Kupferquerschnitt besonders reichlich bemessen, so daß dem durchfließenden Strom möglichst wenig Widerstand geboten wird und die Erwärmung der Wickelung auf ein Minimum beschränkt bleibt.

Die Isolation der Wickelung gegen das Eisen beträgt 4 000 000 Ohm. Um die Motore möglichst leicht bauen und ihnen eine kleine Form geben zu können, sind die Magnete hoch gesättigt, wodurch sie sich allerdings nur für intermittierenden Betrieb eignen, was jedoch vollständig dem Automobilbetrieb entspricht.

Die Motore sind 4 polig; das Drehmoment beim Anfahren gegenüber einem 2 poligen Motor wird hierdurch wesentlich erhöht.

Das Magnetgehäuse mit Polansätzen ist aus Stahlguß gefertigt, während die Polschuhe zur Vermeidung von Wirbelströmen aus lamelliertem Eisenblech bestehen.

Die Stromaufnahme und -Abgabe nach und vom Fahrschalter erfolgt durch 2 Kohlenbürsten von 10 × 35 mm Querschnitt, entsprechend einer Stromdichtigkeit von 12 Ampère pro 1 qcm.

Die beiden Magnetgehäuse sind durch ein gußeisernes, mit Lagern versehenes Mittelstück verbunden und bilden mit den beiden äußeren Motordeckeln ein Ganzes.

Die beiden Ankerwellen sind getrennt gelagert und wirken unabhängig von einander mit ihren Zahnrädern auf das andere, jeweilig mit dem Laufrad verbundene Rad.

Die Lagerschmierung ist für konsistentes Fett eingerichtet und hat sich diese Art Schmierung als die beste bei Automobilelektromotoren bewährt.

Das ganze Motorgehäuse ist dicht geschlossen, so daß das Motorinnere vor Feuchtigkeit und Staub geschützt ist.

Die zu den Motoren führenden Kabel sind an den Austrittsöffnungen mit Hartgummihülsen versehen und hierdurch gegen Durchscheuern geschützt.

Mit den Motoren können Steigungen bis zu 8%, kurze Steigungen bis zu 10% genommen werden, jedoch sind hierbei gute Straßen Voraussetzung.

Auf das Wesen und die Wirkungsweise der Elektromotoren konnte hier ebenfalls nicht näher eingegangen werden. Zum speziellen Studium können empfohlen werden:

G. Roeßler, Elektromotoren für Gleichstrom. Berlin 1901, Julius Springer. Preis 4 M.

G. Rasch, Regelung der Motoren elektrischer Bahnen. Berlin 1899, Julius Springer. Preis 4 M.

Loose und Schiemann, Taschenbuch für Monteure elektrischer Straßenbahnen. Leipzig 1899. Preis 3,75 M.

Die Aufsätze über „elektrische Automobile“ in der „Elektrotechnischen Zeitschrift“ der letzten 3 Jahrgänge.

IV. Regelmäfsige Untersuchung der elektrischen Ausrüstung.

a) Batterie.

Bei dem täglich stattfindenden Wiederaufladen der Batterien werden einzelne Elemente auf Säuredichte und Spannung gemessen, auch sind die Bleiverbindungen, die Anschlußklemmen und die Gummideckplatten zu besichtigen.

Wöchentlich einmal sind sämtliche Elemente gelegentlich des Wiederaufladens auf Säuredichte und Spannung zu messen, sowie auf gleichmäßiges Gasen und auf vorschriftsmäßigen Säurestand zu beobachten. Der Vaselinüberzug der Anschlußklemmen ist, wenn notwendig, zu erneuern.

Außerdem wird wöchentlich einmal, und zwar Montags, ein Batteriekasten nach erfolgter Aufladung der ganzen Batterie herausgenommen. Wie bereits erwähnt, befinden sich in jedem Fahrzeuge 4 ganz gleich konstruierte Batteriekästen, während ein ebensolcher Kasten behufs Auswechselns zur Verfügung steht. Jeder Kasten wird nach Ablauf von 9 Wochen einer genauen Revision und nach Ablauf von 18 Wochen einer Kapazitätsprobe unterzogen. Nach erfolgter Revision bezw. Wiederaufladung wird der Kasten zum Auswechseln bereitgestellt.

Einmal jährlich wird der zur Prüfung herausgenommene Batteriekasten vollständig ausgebaut; die Platten werden untersucht, die Hartgummikästen gespült und der Batteriekasten gereinigt und in Stand gesetzt. Nach erfolgtem Wiedereinbauen der Elemente in den Kasten wird er nach den Vorschriften für die erste Ladung einer Batterie weiter behandelt und sodann zum Auswechseln bereitgestellt.

b) Fahrschalter.

Täglich sind:

1. die Kontaktflächen von Staub und Fett zu reinigen;
2. die Kontaktfinger daraufhin zu prüfen, ob sie fest auf den Kontaktflächen aufliegen;
3. die Anschlüsse der Kabel an die Kontaktfinger nachzusehen und
4. die Kontakte des Funkenlöschers abzuschmirgeln und leicht einzufetten.

c) Motore.

Täglich sind:

1. die Schleifkohlen auf gute Beschaffenheit und leichtes Gleiten in den Haltern zu prüfen;
2. die Kollektoren von Kohlen bezw. Kupferstaub mittels einer Luftpumpe zu reinigen;
3. die Einführungen der Kabel in die Motorgehäuse auf Dichtigkeit zu prüfen.

Wöchentlich werden untersucht:

1. die Ritzel und zugehörigen Stirnmuttern;
2. die Fettkammern, Fettkanäle und die Ankerlager;
3. die Kollektoren auf Vorhandensein von Brandstellen, sowie auf gute Beschaffenheit der Lötstellen und Kontaktschrauben;
4. die Bürstenhalter auf gute Isolation und Befestigung am Motorgehäuse;

5. die Federn hinsichtlich festen Aufliegens auf den Schleifkohlen;
6. die Schleifkohlen bezügl. genügender Länge;
7. die Bleisicherungen und Widerstände;
8. die stromführenden Kontaktstellen (Ladekontakt, Notausschalter, Lichtkontakt);
9. die Isolation der Kabel.

Die Ergebnisse der Untersuchungen werden in Rapportbücher eingetragen, die regelmäßig zur Vorlage gelangen.

V. Reserveteile für die elektrischen Automobilfahrzeuge.

Es empfiehlt sich, die nachstehend aufgeführten Reserveteile vorrätig zu halten:

a) Batterie.

1 vollständiger Batteriekasten mit 11 Elementen,
3 vollständige Elemente,
1 Satz positive } Platten,
1 Satz negative } Platten,
4 Tafeln Isolierpappe,
5 Liter flüssigen Isolazit,
5 kg festen Isolazit,
500 dünne Glasröhrchen,
250 Elektrodenträger und
6 Batterieklemmen.

b) Fahrschalter.

6 Kontaktfinger,
1 m Messingblechstreifen für Kontaktbleche,
4 Funkenlöschkontakte (lose),
2 - (feste),
1 kompletten Fahrschalter und
12 Federlenker.

c) Motore.

1 kompletten Doppelmotor,
4 Bürstenhalter mit Brücken,
4 einzelne Bürstenhalter,
2 Ritzel (kleines Antriebsrad),
2 vordere Motoraufhängebolzen,
4 hintere -
6 Paar Schraubenfedern,
2 Anker,
1 Motormittelstück,
4 Motorschmierdeckel und
12 Schleifkohlen.

d) Leitung, Sicherung.

20 m isoliertes Kabel,
20 m Gummischlauch zum Überziehen der Kabel,
1 Rolle Gummiband,
1 Rolle Isolierband,
12 Bleisicherungen für 100 Ampère,
12 - - 3 -
12 Kontaktschlüssel und
2 komplette Ladesteckkontakte.

e) Wagen.

1 komplette Hinterachse,
4 hintere Stoßscheiben,
2 Messingbüchsen für Hinterachsen,
2 Zahnkränze,
2 Drehschenkel,
4 Stoßscheiben für Vorderachsen,
2 Messingbüchsen für Vorderachsen,
2 komplette Schwenkbolzen,

1 Garnitur Lenkstangen,
2 Kugelköpfe,
4 Federbolzen,
1 Vorderrad mit Gummibereifung,
1 Vorderrad ohne -
1 Hinterrad mit -
1 Hinterrad ohne -
4 Paar Bremsklötze,
10 Messingscheiben für Hinterachsen und
10 - - Vorderachsen.

VI. Konstruktion und Unterhaltung der Gummireifen.

Für die Bereifung der Räder schwerer Automobilfahrzeuge kommen wohl nur massive Gummireifen in Betracht. Von den bekannten Systemen wurde für die hiesigen Fahrzeuge der „Continental Kelly-Reifen" gewählt, und zwar Profil No. 102.

Der Reifen wird aus bestem Paragummi hergestellt; drei starke Stahldrähte, die die Länge des Reifens im Innern durchqueren und durch einen elektrischen Vorgang geschweißt sind, halten ihn in einer U-förmigen Eisenfelge. Der Reifen wird in die Felge mit Hilfe einer Spezialmaschine gelegt, und zwar so, daß der Gummi in der Länge zusammengepreßt wird. Infolge dieser Zusammenpressung können eindringende spitze Gegenstände nicht so klaffende Wunden hervorrufen, wie z. B. bei Gummi, den man erst dehnen muß, um ihn in die Felge zu bekommen. Die Stoßflächen des Reifens werden mit einem Gummipräparat „Solution" zusammengeklebt. Hervorzuheben bei diesem System ist noch die außerordentliche Leichtigkeit, mit welcher sich Reparaturen ausführen lassen.

Der Unterhaltung der Gummireifen ist naturgemäß große Sorgfalt zu widmen.

Nach jeder Fahrt sind die Reifen zunächst daraufhin zu prüfen, ob irgend welche starke Verletzungen vorgekommen sind; sodann müssen sie mit grüner Seife und warmem Wasser gründlich gereinigt und vor allem von fettigen Stoffen gänzlich befreit werden.

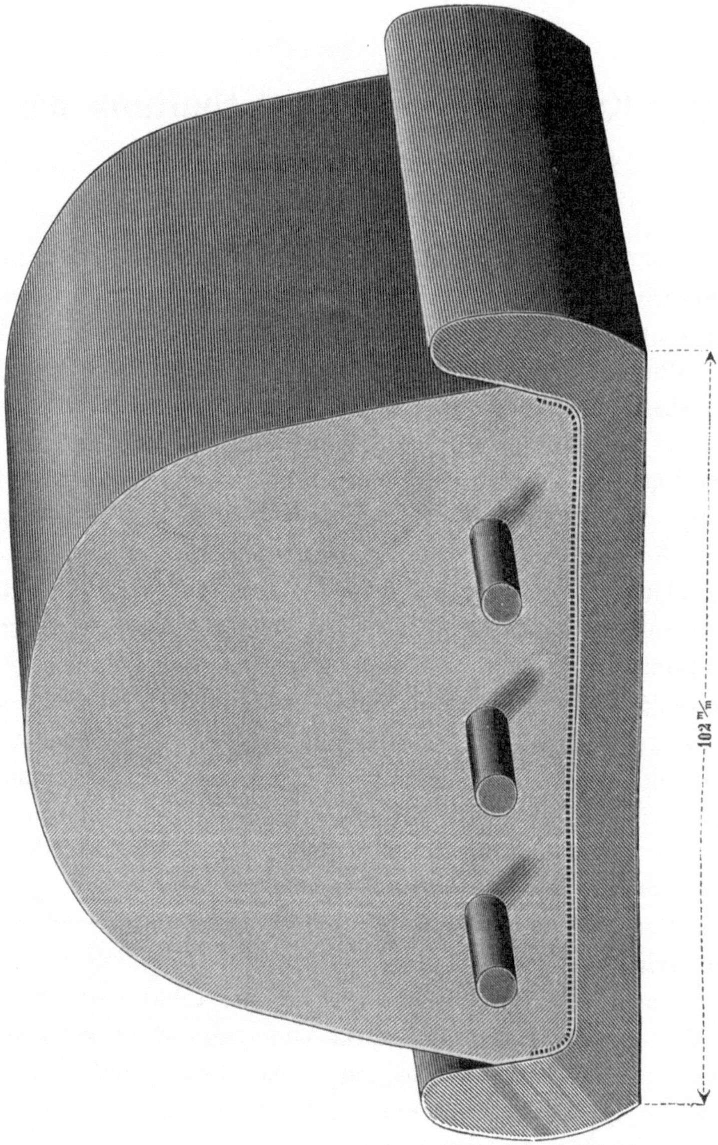

Abb. 21.

Wöchentlich einmal werden die Reifen mit einer starken Salzlösung angefeuchtet, wodurch das Auftreten von kleinen Rissen auf der Oberfläche verhindert werden soll.

Von der größten Wichtigkeit für die dauernd gute Beschaffenheit der Reifen ist die monatlich einmal erfolgende genaue Untersuchung der Reifen in der „Continental-Caoutchouc- und Guttapercha-Compagnie-Hannover". Die Wagen fahren zu diesem Zweck nach der Fabrik.

Außerdem werden vierteljährlich in bestimmter Reihenfolge je ein Vorder- und Hinterrad ausgewechselt. Die ausgewechselten Räder werden genau untersucht, ev. repariert und sodann in Reserve gestellt.

Um die Reifen während des Stehens der Fahrzeuge in der Wagenhalle möglichst zu schonen, ist eine eigenartige Entlastungsvorrichtung konstruiert worden. Vier Flaschenwinden, welche zu je zwei mit Verbindungsschienen und Gelenken versehen sind, heben die Achsen des Fahrzeuges so weit an, daß die Gummireifen den Boden nur noch lose berühren. Beim Anfahren klappen die Flaschenwinden in den Gelenken nach vorn um; die Räder berühren die liegenbleibenden Winden nicht.

VII. Schmieren und Ölen der Fahrzeuge.

Wöchentlich einmal sind die Lenkvorrichtungen zu ölen und die Ritzel bezw. Zahnkränze zu schmieren. Das Schmieren der Achsschenkel und der Fahrschaltertrommel hat vierteljährlich zu erfolgen.

VIII. Die Ladestation.

Ursprünglich bestand die Absicht, auf der Feuerwache II, welche mit dem Automobillöschzuge belegt ist, auch die zum Laden der Batterien erforderliche Station einzurichten. Der Anschluß der Feuerwache II an das in dem Vorort Herrenhausen neuerrichtete zweite städtische Elektrizitätswerk sollte bis zum Eintreffen der Automobilfahrzeuge ausgeführt werden. Dies war jedoch infolge verspäteter Fertigstellung des Werkes nicht möglich. Um den Zug in Betrieb nehmen zu können, mußte daher auf der Hauptfeuerwache, welche Anschluß an das städtische Elektrizitätswerk Hannover hat, provisorisch eine Ladestation eingerichtet werden.

Während des Betriebes hat sich nun ergeben, daß es zweckmäßig ist, die Ladestation auf der Hauptfeuerwache zu belassen, weil die Fahrzeuge doch jeden Tag im Interesse der Erhaltung der Batterien bezw. der Ausbildung der Führer bewegt werden müssen. Die Fahrzeuge können daher bei den Übungsfahrten die Hauptfeuerwache berühren und, nach erfolgter Wiederaufladung, auf dem kürzesten, etwa 2 km betragenden Wege nach der Zugwache zurückkehren. Da die Fahrzeuge mit einer Ladung 25 km zurücklegen können, besitzen sie bei Ankunft auf der Zugwache immer noch Strom für 23 km Fahrt, die nach den bisherigen

Erfahrungen für das Ausrücken des Zuges zum Feuer innerhalb 24 Stunden vollständig genügen.

Das Vorhandensein einer zentral belegenen Ladestation erscheint auch für die weitere Einführung von Automobilfahrzeugen auf der Hauptfeuerwache bezw. der Feuerwache I insofern sehr vorteilhaft, als die Einrichtung von Ladestationen nicht nur größere Räumlichkeiten, sondern auch bedeutende Kosten erfordert. Auf der Zugwache II hätte z. B., da das Werk in Herrenhausen Drehstrom liefert, der zum Laden von Akkumulatoren nicht verwendbar ist, ein Transformator zum Preise von 3700 M. aufgestellt werden müssen. Der Preis eines Schaltbrettes beträgt ca. 1400 M.; für die Installation der Apparate, das Einführen, Verlegen der Leitungen u. s. w. sind ebenfalls noch größere Beträge aufzuwenden.

Schließlich hat eine zentral belegene Ladestation noch den großen Vorteil, den ganzen Betrieb einheitlicher zu gestalten und die Kontrolle über die stets tadellose Beschaffenheit der Batterien und Fahrzeuge zu erleichtern.

Bei größerer Ausdehnung des Automobilbetriebes wird es vorteilhaft sein, einige genau gleich gebaute bezw. ausgerüstete Reservefahrzeuge auf der Hauptfeuerwache bereit zu halten, welche das tägliche Auswechseln der Fahrzeuge auf den Zugwachen gestatten.

Aus den vorangeführten Gründen wurde die Ladestation auf der Hauptfeuerwache definitiv eingerichtet; sie besteht aus zwei völlig von einander getrennten Räumen. In dem einen Raume (Batterieraum genannt) werden die Batteriekästen aus- bezw. eingebaut, die Platten gespült u. s. w.; in dem anderen (Laderaum genannt) werden die Batterien gelötet bezw. geladen. Vor den Räumen befindet sich ein großes Schutzdach, unter das die Fahrzeuge während des Aufladens der im Betriebe befindlichen Batterien fahren.

Abb. 22.

Hier interessiert vornehmlich der Laderaum; er muß gut ventiliert und mit elektrischer Beleuchtung versehen sein wegen der bei dem Laden durch die Entwickelung von Knallgas entstehenden Explosionsgefahr. An dem Eingange zu diesem Raum ist eine Aufschrift angebracht, welche das Betreten des Raumes mit offenem Licht, brennender Cigarre u. s. w. verbietet.

In dem Laderaum befindet sich die von der Elektrizitäts-Aktien-Gesellschaft vormals Schuckert & Comp. gelieferte Schalttafel, die in erster Linie bezweckt, die zur Verfügung stehende Spannung von 220 Volt mittels Vorschaltwiderstände auf die erforderliche Ladespannung von 80 bis 121 Volt herabzumindern.

Die beiden Emaillewiderstände für 45 Ampère Stromdurchgang liegen hinter der Tafel; der eine, größere Widerstand vernichtet 100 Volt Spannung, während der andere regulierbar ist und bis zu 40 Volt vernichten kann. Steht die Regulierkurbel auf dem ersten Kontakt, so sind beide Widerstände hintereinander geschaltet und vernichten mithin $100 + 40 = 140$ Volt; in das Fahrzeug können daher anfangs nur 80 Volt und 45 Ampère gelangen. Bei fortschreitender Ladung muß die Regulierkurbel von Zeit zu Zeit nachgerückt werden, weil sonst die Stromstärke zurückgehen würde. Die Ladung ist beendet, wenn das Voltmeter 121 Volt zeigt.

Zum besseren Verständnis dieses Vorganges mag hier nochmals kurz wiederholt werden, daß die Ladespannung eines Elementes im Anfange 1,8 Volt und am Ende der Ladung 2,75 Volt beträgt; bei 44 Elementen einer Wagenbatterie sind mithin $1{,}8 \times 44 =$ rd. 80 im Anfange und $2{,}75 \times 44 = 121$ Volt am Ende der Ladung notwendig.

Von der Schalttafel geht der Strom nach 2 unter dem Schutzdache befindlichen Steckdosen, von denen Ladekabel nach den zum Laden vorgefahrenen Wagen führen. Zwei auf der Vorderseite der Schalttafel angebrachte Voltmeter zeigen die Spannungen der entsprechenden Steckdosen an, während mittels der beiden doppelpoligen Hebelumschalter der Strom je nach Bedarf der rechten oder linken bezw. beiden gleichzeitig zugeführt wird.

Die an der Seite der Schalttafel befindlichen Apparate dienen zum Laden der Sicherheitslampen, einzelner Elemente oder ganzer Batteriekästen. Diesen Apparaten wird der Strom nur mit 110 Volt Spannung zugeführt. Ein regulierbarer Widerstand für 45 Ampère läßt je nach der Stellung der Kurbel die 110 Volt betragende Spannung bis auf 2 Volt herabmindern. Als Vorschaltwiderstand zum Laden der Sicherheitslaternen dient eine 32kerzige Glühlampe.

An Utensilien und Werkzeugen für den Laderaum sind erforderlich:

Ein kompletter Lötapparat, bestehend aus: 1 Flasche Sauerstoff, 1 Flasche Wasserstoff, 2 Reduzierventilen, 10 m Lötschlauch, 1 Mischhahn und 1 Lötrohr mit 3 verschiedenen Spitzen,
2 Lötzangen,
1 Bleibürste,
1 Bleischnitzer,
1 Bleifeile,
2 Bleischneider,
12 eiserne Batterieklemmen,
1 Richtzange,
10 m Bleiband für Fahnen,
1 Motorschraubenschlüssel,
1 Taschenvoltmeter,
1 Schnellsäuremesser,
6 Glasgehäuse für Schnellsäuremesser,
2 Gummibälle,
2 säurefeste Anzüge,

1 Paar Gummistiefel,
2 komplette Ladekabel,
2 Werkzeugtaschen mit verschiedenen Schlüsseln, Zangen u. s. w.,
2 große Flaschenwinden und
2 kleine Flaschenwinden.

IX. Die Antriebsweise der Dampfspritze mittels Kohlensäure und Spiritusfeuerung.

Nach dem Vorschlage der Wagenbauanstalt in Bautzen sollte die Dampfspritze jederzeit betriebsbereit gehalten werden durch Erzeugung eines Dampfdruckes von 4 Atmosphären mittels eines Gasbrenners und durch Anwendung einer Petroleumfeuerung. Die Dampfspannung ließ sich zwar mit dem Gasbrenner auf 4 Atmosphären halten, doch erwies sich die Petroleumfeuerung als nicht verwendbar. Es wurden Petroleumbrenner der verschiedensten Konstruktion probiert, und zwar sowohl innerhalb des Feuerungsraumes als auch unmittelbar vor der Feuerungsöffnung, wobei die Flamme des Brenners in den Feuerungsraum hineinschlug. Im Innern des Feuerungsraumes erloschen die Brenner mangels genügender Luftzufuhr häufig; außen angebracht verursachten sie ein sehr starkes Geräusch, das, in Verbindung mit dem durch den Auspuff des Abdampfes erzeugten Geräusch, geeignet war, die Spritze für den Verkehr in öffentlichen Straßen unbrauchbar zu machen. Bei dieser Sachlage entschloß ich mich, unabhängig von der Fabrik, Versuche anzustellen, um folgendes Endziel zu erreichen:

1. Die Spritze soll bei Alarm sofort abrücken können;
2. ohne jedes Geräusch fahren;
3. während der Fahrt weder Geruch noch Rauch erzeugen und
4. nach Eintreffen auf der Brandstelle sofort zum Wassergeben fertig sein.

Auf eine Schilderung der zahlreich angestellten, zunächst stets resultatlos verlaufenden Versuche kann hier verzichtet werden. Anfang Juni 1902 gelang es endlich, die gestellte Aufgabe in voll befriedigender Weise zu lösen.

1. Die Spritze soll bei Alarm sofort abrücken können.

Das Kesselwasser wird durch einen kleinen Gasbrenner dauernd auf ca. 100° C. erhalten. Die sofortige Abfahrt der Spritze erfolgt mittels Kohlensäuredruck, welcher von drei an der Spritze angebrachten Flaschen à 10 kg Inhalt geliefert wird. Der Inhalt der Flaschen reicht aus, um die Spritze so lange in Bewegung zu halten, bis sie mit eigenem Dampf fahren kann. Die Flaschen sind durch eine Kupferrohrleitung, unter Zwischenschaltung eines Rückschlagventils, mit dem Dampfkessel verbunden.

2. Die Spritze soll ohne jedes Geräusch fahren.

Der Abdampf der Antriebsmaschine wurde durch Einschalten eines an dem Vordersitze angebrachten Kondensators vollkommen beseitigt. Die Abblasrohre der Wasserstandszeiger wurden in die Wasserreservoire geleitet.

3. Die Spritze soll während der Fahrt weder Geruch noch Rauch erzeugen.

Diese Bedingung wurde durch die Konstruktion einer Spiritusfeuerung erfüllt. Der Spiritus befindet sich in einem an der Spritze angebrachten Kupferkessel von 35 l Inhalt, der mit einer kleinen, 1 kg haltenden Flasche Kohlensäure verbunden ist. Die Flaschen werden auf der Hauptfeuerwache gefüllt. Ein an der Flasche angebrachtes Reduzierventil, bezogen von der Firma Heuser & Comp., Hannover, Abb. 23, erhält im Gebrauchsfalle den Druck im Spirituskessel konstant auf 5 Atmosphären. Aus dem Kessel wird der Spiritus mittels Steigrohr und kupfernen Rohrleitungen nach zwei in dem oberen Teile der Feuerungsöffnung des Dampfkessels

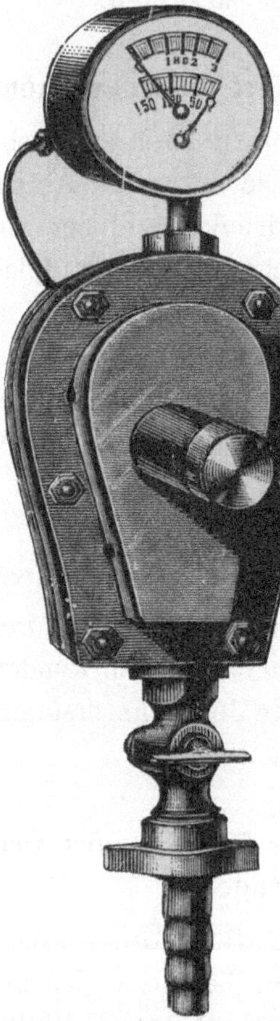

Abb. 23.

Streudüse.

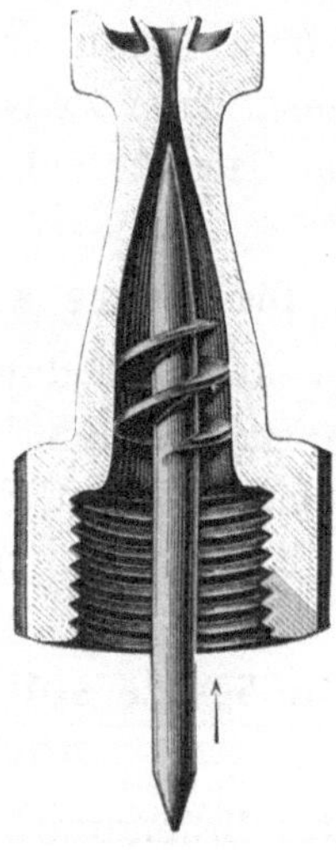

Abb. 24.

befindlichen Körting'schen Streudüsen von je $^1/_2$ mm Streuöffnung und 90 bezw. 110° Streuwinkel gedrückt. Beide Düsen sind für sich durch Hähne abstellbar und können durch einen Griff aus dem Feuerungsraume entfernt werden.

Um die Spiritusfeuerung in Gang zu setzen, ist es nur nötig, die kleine Kohlensäureflasche, sowie die Hähne für die Düsen zu öffnen; die Entzündung des Spiritus erfolgt selbsttätig an dem in dem Feuerungsraum befindlichen Gasbrenner, der erst während der Fahrt herausgenommen wird.

Mit der Spiritusfeuerung wird die Dampfspannung der stillstehenden Spritze in 5 Minuten auf 5 Atmosphären gebracht, und zwar ohne Anwendung des Bläsers bezw. Verwendung von Glühstoff. Während der Fahrt, bei der der Bläser wegen des großen durch ihn erzeugten Geräusches nicht voll angestellt werden darf, wird die zum Betriebe der Spritze erforderliche Dampfspannung in etwa 10 Minuten erreicht. Als Betriebsdruck genügen 4 bis 5 Atmosphären. Die Spiritusfeuerung kann nach etwa 20 Minuten Fahrzeit teilweise oder auch ganz abgestellt werden, je nach den Terrain- und Witterungsverhältnissen.

Die Spiritusfeuerung, welche sich übrigens auch bei bespannten Dampfspritzen mit Vorteil verwenden läßt, erzeugt weder Geruch noch Rauch.

4. Die Spritze soll nach Eintreffen auf der Brandstelle sofort zum Wassergeben fertig sein.

Um dies zu erreichen, werden auf die Rostfläche des Dampfkessels ca. 10 kg Glühstoff (Holzkohlen-Briketts) gebracht, die vollkommen rauchlos verbrennen. Zur schnellen Entzündung der Briketts ist in der Mitte des oberen Teiles der Einfeuerungsöffnung des Kessels eine dritte Streudüse angeordnet, die direkt auf die Briketts gerichtet ist und diese innerhalb einer Minute zum Glühen bringt, worauf die Düse abgestellt wird. Sobald die Briketts in Glut geraten sind, wirft der Heizer allmählich Torf-Koks auf, der unter der Einwirkung des Glühstoffes und der Spiritusfeuerung rasch zur Entzündung gelangt. Spiritus allein vermag Koks nicht zu entzünden. Bei Ankunft auf der Brandstelle ist die Spritze zum Wassergeben fertig; das unter dem Kessel befindliche helle Feuer kann mit Kohlen, Koks oder dergl. leicht weiter unterhalten werden. Bei sehr kurzer Fahrt lässt man die Spiritusfeuerung, wenn erforderlich, auch nach Ankunft auf der Brandstelle noch einige Zeit im Betriebe. Auch wenn der Dampfdruck einmal während des Betriebes niedergehen sollte, ist es nur nötig, die Hähne der Spirituszuleitungen zu öffnen, um den Druck zum sofortigen Steigen zu bringen.

Die vorstehend geschilderte Antriebsweise der Dampfspritze hat sich in der Praxis gut bewährt. Die Bedienung der Spritze ist eine äußerst einfache; am Standorte bedarf sie keiner besonderen Wartung oder Beaufsichtigung, weil der genau regulierte Gasbrenner Dampfspannung im Kessel nicht zu erzeugen vermag. Erwähnt sei schließlich noch, daß zum Füllen der Kessel und Reservoire der Dampfspritzen hier nur Regenwasser zur Verwendung gelangt, das auf den Feuerwachen in Tonnen aufgefangen wird. Da die Dampfspritzen ständig vorgewärmt werden, erscheint die Verwendung von Regenwasser behufs Vermeidung des Ansatzes von Kesselstein sehr wichtig.

X. Das Fahren.

Nach den polizeilichen Bestimmungen über den Verkehr mit Kraftfahrzeugen dürfen die Fahrzeuge nur von solchen Führern bedient werden, die mit den maschinellen Einrichtungen und deren Handhabung völlig vertraut sind und sich hierüber durch eine von einem behördlich anerkannten Sachverständigen ausgestellte Bescheinigung ausweisen können. Die Bescheinigung ist der Polizeibehörde zur Kenntnisnahme vorzulegen. Als Führer wurden hier zunächst die Offiziere, die Chargierten, sowie einige besonders geeignete Leute ausgebildet.

Für das Fahren mit den elektrischen Wagen ist folgendes besonders zu beachten:

1. Bevor man den Kontaktschlüssel in den Notausschalter steckt, überzeugt man sich davon, daß der Fahrschalter auf der Nullstellung steht.

2. Beim Anfahren ist streng darauf zu achten, daß der Schaltergriff stets langsam und stufenweise von Stellung zu Stellung fortbewegt wird; man halte auf jeder Stellung ungefähr 20 Sekunden, ehe man zur nächst höheren fortschreitet.

3. Beim Ausschalten ziehe man den Schaltergriff ohne Zwischenpausen schnell und kurz auf die Nullstellung zurück.

4. Straßenkreuzungen und Kurven dürfen nur in langsamer Fahrt mit Stellung 2 oder Null- bezw. Bremsstellung 1

passiert werden, und zwar sind diese Fahrstellungen bereits 20 m vor den Kurven etc. einzunehmen.

5. Über Geleise, Bodenvertiefungen u. s. w., sowie bei Steigungen ist ebenfalls langsam zu fahren.

6. Sollen die Fahrzeuge an einer bestimmten Stelle halten, so ist der Schaltergriff rechtzeitig auf die Nullstellung zu bringen, um den Wagen stromlos bis zur Haltestelle auslaufen zu lassen, wobei der Wagen nur wenig oder gar nicht gebremst zu werden braucht.

7. Das elektrische Bremsen ist möglichst nur mit den Bremsstellungen 1 und 2 auszuführen und darf nur in Notfällen mit Stellung 3 gebremst werden, doch ist auch dann noch große Vorsicht nötig, weil, namentlich auf schlüpfrigem Pflaster, der so plötzlich gebremste, in voller Fahrt befindliche Wagen leicht schleudert. In Kurven darf niemals mit Stellung 3 gebremst werden.

8. Die mechanische Bremse darf nur dann benutzt werden, wenn der Fahrschalter vorher auf die Nullstellung gebracht worden ist, weil andernfalls der Anker leicht durchbrennen kann.

9. Auf Rückwärtsfahrt darf der Schalter nur gestellt werden, wenn das Fahrzeug steht. Ist dasselbe in der Bewegung, so muß es vorher angehalten werden.

10. Beim Verlassen des Fahrzeuges hat der Führer stets den Kontaktschlüssel aus dem Notausschalter herauszuziehen, um das unbefugte Ingangsetzen des Wagens zu verhindern.

Für das Fahren mit der Automobil-Dampfspritze finden die vorstehenden Bestimmungen sinngemäße Anwendung. An Stelle des Fahrschalters tritt hier der Steuerhebel der Antriebsmaschine, welcher zweckmäßig von einem besonderen Manne bedient wird. Durch Vor- bezw. Rückwärtsstellen des Hebels wird nicht nur die Fahrrichtung, sondern auch die Fahrgeschwindigkeit reguliert. Letztere nimmt zu, je weiter man den Hebel nach vorn legt; Stellung des Hebels nach vorn bewirkt Vorwärtsfahrt. Das Bremsen des Fahrzeuges kann mit dem Steuerhebel, durch Rückwärtsstellung und mit der mechanischen Bremse erfolgen. Die Bedienung des Hebels ist eine außerordentlich einfache.

Die bei der Anfahrt auszuführenden Handgriffe sind folgende:

1. Der Heizer öffnet die kleine Kohlensäureflasche für den Spirituskessel, sodann die in den Rohrleitungen für die Düsen befindlichen Hähne, löst die Verbindung der zum Gasbrenner führenden Gasleitung und öffnet die zum Antrieb der Maschine bestimmte Kohlensäureflasche.

2. Der Führer entleert die Kondenshähne der Antriebsmaschine, öffnet vom Vordersitz aus das Dampfventil für die Antriebsmaschine und ergreift das Handrad.

Um die Spritze fahrbereit zu machen bezw. die vorstehend unter 1 und 2 angeführten Handgriffe auszuführen, sind nur 15 Sekunden erforderlich.

XI. Unterhaltungs- und Betriebskosten.

Bezüglich der Unterhaltungskosten der Automobilfahrzeuge werden sich erst nach Ablauf mehrerer Jahre genauere Angaben machen lassen. Seit der Indienststellung der Fahrzeuge sind Reparaturen bezw. Ergänzungen einzelner Teile nicht notwendig geworden. Bei sorgfältiger Wartung der Wagen und der elektrischen Ausrüstung werden die Fahrzeuge voraussichtlich jahrelang ohne jede Reparatur Dienst tun können.

Von besonderem Interesse sind die ev. entstehenden Unterhaltungskosten für die Gummibereifung der Räder und für die Batterien.

Die Lebensdauer der Gummireifen kann nach den Erfahrungen der Fabrik durchschnittlich auf ca. 10 000 km Fahrt bemessen werden; Fälle jedoch, in denen Gummireifen nach Zurücklegung von 16 000 und 20 000 km Fahrt noch gut erhalten und brauchbar sind, ereignen sich wiederholt.

Da die hiesigen Fahrzeuge im Jahre etwa 2000 km zurücklegen, würde, unter Zugrundelegung einer Lebensdauer der Gummireifen von nur 10 000 km Fahrt, ein Ersatz der Gummibereifung in 5 Jahren zu erwarten sein. Diese Frist wird jedoch durch die Verwendung von Reserverädern, durch die Entlastungsvorrichtung u. s. w. — vergl. Abschnitt VI — ganz wesentlich verlängert werden.

Bei der Erörterung der sehr wichtigen Frage über die durch die Unterhaltung der Gummibereifung ev. entstehenden Kosten muß auch noch in Rücksicht gezogen werden, daß Kellyreifen außerordentlich leicht und mit nur geringen Kosten repariert werden können.

Jedenfalls steht soviel schon jetzt mit Sicherheit fest, daß eine plötzliche, große Ausgabe für den Ersatz von Gummireifen nicht zu befürchten ist. Bei nur einiger Aufmerksamkeit wird sich der ev. notwendig werdende Ersatz eines oder mehrerer Räder rechtzeitig voraussehen lassen; die erforderlichen Mittel können dann, sofern sie sich aus laufenden Titeln nicht bestreiten lassen, in den Etat eingestellt werden.

Ähnlich liegen die Verhältnisse hinsichtlich der Unterhaltungskosten für die Batterien. Ein Ersatz von einzelnen Teilen der Batterien war bisher nicht notwendig; die Platten zeigen keinerlei Veränderungen. Erfahrungen bezügl. der Lebensdauer der Batterie eines Feuerwehrfahrzeuges liegen noch nicht vor. Für elektrische Automobilgeschäftswagen berechnet man die Lebensdauer einer Batterie auf ca. 5 Jahre, doch wird sie sich durch die Verwendung von Reservebatteriekästen — vergl. Abschnitt III A und IV — durch sorgfältigere Behandlung und geringere Inanspruchnahme erheblich verlängern lassen.

Bei den Batterien liegt die Befürchtung einer plötzlich an die Verwaltung herantretenden größeren Ausgabe für Neubeschaffung von Batterien in noch weit geringerem Maße vor als bei der Gummibereifung.

Bei einer sachgemäßen Wartung der Batterie ist eine plötzliche, vollständige Erneuerung der ganzen Batterie ausgeschlossen; es kann sich immer nur um den Ersatz einzelner Platten handeln, die aus dem Reservebestande entnommen werden. Es empfiehlt sich daher, aus laufenden

Mitteln zu Beginn jedes Etatsjahres eine Anzahl von Platten zu beschaffen bezw. den Reservebestand wieder zu ergänzen. Für die hiesigen Batterien wurden im April d. Js. beschafft und in Reserve gestellt: 3 komplette Elemente zum Preise von 44 M. pro Element, ferner 23 positive und 12 negative Plattensätze zum Preise von 9,85 M. bezw. 6,80 M. pro Satz. Ein positiver Plattensatz besteht aus 5 Platten, ein negativer aus 6 Platten. Bei notwendig werdendem Ersatz schneidet man einzelne Platten heraus.

Wer übrigens das Risiko für die Unterhaltung der Batterien und der Gummireifen nicht übernehmen will, kann mit den Lieferanten ein Abkommen dahin treffen, daſs sie die Unterhaltung gegen Zahlung einer jährlichen Gebühr bezw. einer pro Kilometer Fahrt zu gewährenden Entschädigung übernehmen.

Ich habe bei Beschaffung des Automobillöschzuges ein solches Arrangement nicht vorgeschlagen, weil ich mich von den Fabriken in jeder Beziehung unabhängig machen wollte, und zwar hauptsächlich im Interesse des Versuches. Es ist hier bekannt, daß die Arbeiter in den Fabriken z. B. bei dem Einbau der Batterien nicht immer mit der nötigen Sorgfalt vorgehen. Hieraus entstehende Betriebsstörungen werden dann dem Automobil zur Last gelegt, allerdings mit Unrecht. Einer solchen Gefahr wollte ich mich nicht aussetzen. Der von mir eingeschlagene Weg scheint auch der richtige gewesen zu sein, **denn bis jetzt ist noch nicht eine einzige Betriebsstörung vorgekommen.** Die Betriebssicherheit muß doch aber die Hauptbedingung bleiben; die ev. aufzuwendenden Unterhaltungskosten kommen erst in zweiter Linie in Betracht. Wie sich die Unterhaltungskosten im Laufe der Jahre gestalten werden, läßt sich aus den vorstehend erörterten Gründen jetzt noch nicht mit Sicherheit vorhersagen; ich hoffe jedoch, bei der Unterhaltung der

Gummireifen und der Batterien auf eigenes Risiko gut bestehen zu können. Sollte sich im Laufe der Zeit wider Erwarten das Gegenteil herausstellen, dann könnte bei Neubeschaffungen das entgegengesetzte Verfahren immer noch eingeschlagen werden.

Die für die Unterhaltung der Motore, der Fahrschalter u. s. w. ev. in Ansatz zu bringenden Kosten können nur ganz minimale sein und daher hier außer Betracht bleiben, doch sollen auch sie eintretenden Falles gebucht werden, damit sich nach Ablauf eines längeren, mehrere Jahre umfassenden Zeitraumes ein genaues Bild der Unterhaltungskosten ergibt.

Was nun die Betriebskosten anlangt, so lassen sich hierüber schon jetzt genauere Angaben machen.

Die Kosten für den Ladestromverbrauch der elektrischen Automobilfahrzeuge — Gasspritze und Hydrantenwagen — stellen sich, 0,8 Kilowattstunde pro Wagenkilometer und 2000 km pro Jahr und Fahrzeug gerechnet, auf 320 M., bei einem Preise von 0,20 M. pro Kilowattstunde. Der Stromverbrauch für das Neuformieren der Batterie, die Kapazitätsproben und das Nach- bezw. Überladen erfordert einen Kostenaufwand von etwa 80 M. Die Kosten für Säure, destilliertes Wasser, Isolazit, Wasser- bezw. Sauerstoff, Lötblei und Paraffin betragen etwa 65 M. Hiernach stellen sich die Betriebskosten für die elektrischen Fahrzeuge auf 465 M. pro Jahr und Fahrzeug.

Bei Aufstellung der Betriebskosten für die Automobildampfspritze dürften zunächst die Kosten für die Vorwärmung des Kessels auf ca. 100° C. nicht mit in Ansatz zu bringen sein, weil eine Vorwärmung des Kessels auch bei Pferdebespannung erwünscht erscheint und bereits vielfach geübt wird. Die Vorwärmung, welche mittels Gas geschieht, erfordert innerhalb 24 Stunden einen Gasverbrauch von ca. 14 cbm; 1 cbm Gas wird der Stadtverwaltung mit 9 Pfennigen berechnet.

Als eigentliche Mehrkosten für den Automobilbetrieb käme sonach nur der Verbrauch an Kohlensäure, Spiritus und Glühstoff (Holzkohlen-Briketts) in Betracht. Bezüglich des Glühstoffes ist noch zu bemerken, daß der höhere Preis desselben, im Vergleich zu den sonst üblichen Heizmaterialien, reichlich aufgewogen wird durch den großen Vorteil der Erzielung eines sog. „durchgebrannten" Feuers, und zwar ohne Rauchentwickelung. Die Kosten für den Glühstoff dürften zudem nicht in voller Höhe anzunehmen sein, weil eine bespannte Dampfspritze während der Fahrt zur Brandstelle ebenfalls geheizt wird, doch soll wegen der Geringfügigkeit des Betrages dieser Umstand in der nachfolgenden Berechnung außer acht gelassen werden.

Von den vorgenannten Stoffen sind für einen Ausmarsch erforderlich ca. 24 kg Kohlensäure, ca. 20 l Spiritus und 10 kg Glühstoff, bei Annahme einer einstündigen Fahrt, wobei zu bemerken ist, daß das angegebene Quantum Kohlensäure nach etwa 10 Minuten verbraucht ist, während sich der Spiritusverbrauch nach den Terrain- und Witterungsverhältnissen richtet. Auch dürfte die auf einer „Zugwache" stationierte Dampfspritze wohl nur in seltenen Fällen eine Fahrt zur Brandstelle von einer Stunde Dauer, entsprechend einer Fahrstrecke in belebten Straßen von etwa 18 km, zurücklegen. Die Rückfahrt von der Brandstelle erfolgt selbstverständlich ohne Verwendung von Kohlensäure, Spiritus bezw. Glühstoff.

Unter Zugrundelegung der Einheitspreise für die vorbezeichneten Stoffe von 0,35 bezw. 0,165 und 0,18 M. berechnen sich die Kosten für einen Ausmarsch auf $24 \times 0{,}35 + 20 \times 0{,}165 + 10 \times 0{,}18 = 13{,}50$ M. Da die Dampfspritze von der Zugwache II im Jahre etwa 80 mal ausrückt, würden die jährlichen Betriebskosten für die Automobildampfspritze $80 \times 13{,}50 = 1080$ M. betragen. Dieser Ausgabe stehen rund 4000 M. gegenüber, welche die Unterhaltung der Bespannung der Dampfspritze pro Jahr erfordern würde.

Das finanzielle Ergebnis gestaltet sich indessen noch viel günstiger, wenn die jährlich erforderlichen Betriebskosten für den ganzen Automobillöschzug mit $2 \times 465 + 1080 =$ rd. 2000 M. in Vergleich gestellt werden zu den Kosten für drei bespannte Fahrzeuge, welche $3 \times 4000 = 12000$ M. pro Jahr betragen.

Für hiesige Verhältnisse muß daher, ganz abgesehen von den sonstigen Vorzügen des Automobilbetriebes, dieser Betrieb auch in finanzieller Hinsicht als vorteilhaft bezeichnet werden.

Bedenken finanzieller Natur ließen sich gegen den Automobilbetrieb wohl nur dann geltend machen, wenn die Kosten für diesen Betrieb diejenigen für Pferdebespannung übersteigen sollten. Aber selbst in diesem Falle würde ich, auf Grund der bisherigen günstigen Erfahrungen, unbedenklich dem Automobilbetriebe den Vorzug geben.

Schlufswort.

Der in Hannover in größerem Maßstabe unternommene Versuch, das Automobil auch dem Feuerlöschdienst nutzbar zu machen, darf wohl als vollkommen gelungen bezeichnet werden. Von wesentlichem Einfluß auf den günstigen Verlauf waren allerdings die hiesigen, für den Automobilbetrieb besonders geeigneten örtlichen Verhältnisse. Städte, in denen sich Straßen mit Steigungen von ca. 10% befinden, werden nicht daran denken können, elektrische Automobilfeuerwehrfahrzeuge einzuführen. Wo aber die Terrainverhältnisse günstige sind, sollte die Verwendung von Automobilen für den Feuerlöschdienst ernstlich in Erwägung gezogen werden. Ein Mißerfolg ist vollkommen ausgeschlossen, wenn nur die Konstruktion der Fahrzeuge, sowie das System der Batterien u. s. w. richtig gewählt werden und wenn namentlich der sachgemäßen Wartung der Fahrzeuge besondere Sorgfalt gewidmet wird.

Der Automobilbetrieb ist sehr einfach, was ich hier nochmals betonen möchte, weil mit der Materie weniger Vertraute aus der umfangreichen Beschreibung des Automobillöschzuges leicht auf das Gegenteil schließen könnten. Zur Erzielung eines anschaulichen Bildes der ganzen Einrichtung war aber eine erschöpfende Schilderung der Konstruktionen, der Betriebsweise u. s. w. nicht zu umgehen.

Möchten meine Mitteilungen dazu beitragen, dem Automobil auch bei den anderen deutschen Feuerwehren Eingang zu verschaffen!

Reichel.

Anhang.

Verzeichnis der auf den Fahrzeugen untergebrachten Geräte u. s. w.

A. Gasspritze.

3 Strahlrohre, 1 Standrohr, 1 Gabelstück } aus Magnalium,
1 Hydrantenschlüssel,
10 Enden 52 mm weite Schläuche à 15 m lang,
3 Fangleinen mit Schutzhüllen,
1 Sappeuraxt,
2 Übersetzungsstücke,
2 Hakenleitern,
1 Rettungsapparat,
1 Verbandtasche,
2 Handlaternen,
1 Davy'sche Sicherheitslaterne,
1 Petroleumfackel,
2 Magnesiumfackeln mit Zündvorrichtung,
4 Wachsfackeln,
2 Fackelhalter,
1 elektrische Handlampe mit Kabelanschluß,
1 Tasche mit 6 Schlauchbinden,
2 Ledertaschen mit Handwerkzeug,
1 Tasche mit Scheiben für Feuermelder,

2 Schaufeln,
2 Mulden,
3 Scheuertücher,
2 Eimer,
1 Löschpinsel,
1 Ölkanne,
1 Paar Rohrführerhandschuhe,
5 Peajacketts,
1 Verbindungsschlauch vom Gabelstück zum Kessel,
Verschiedene Schlüssel und Bücher.

B. Hydrantenwagen.

3 Strahlrohre
1 Standrohr } aus Magnalium,
1 Gabelstück
1 Reservestandrohr,
1 Hydrantenschlüssel,
1 Hausleitungsschlüssel,
16 Enden 52 mm weite Schläuche à 15 m lang,
5 Enden 75 mm weite Schläuche à 20 m lang auf abnehmbarer Walze,
3 Fangleinen mit Schutzhüllen,
1 Sappeuraxt,
2 Zimmermannsäxte,
2 Übersetzungsstücke,
2 Hakenleitern,
1 Steckleiter, vierteilig,
1 Stockleiter,
1 Sprungtuch,
1 Rettungsapparat,
1 König'scher Rauchschutzapparat mit Sprech- und Überrieselungsvorrichtung,

1 Verbandkasten,
1 Zimmerspritze,
1 Kasten mit Kohlen für die Dampfspritze,
1 Kasten mit Werkzeugen zum Durchschneiden elektrischer Starkstromleitungen,
1 Handlaterne,
1 elektrische Sicherheitslaterne,
1 elektrische Handlampe mit Kabelanschluß,
1 Tasche mit 6 Schlauchbinden,
1 Ledertasche mit Handwerkzeug,
1 Tasche mit Scheiben für Feuermelder,
1 Petroleumfackel,
2 Magnesiumfackeln mit Zündvorrichtung,
4 Wachsfackeln,
2 Fackelhalter,
2 Schaufeln,
1 Piassavabesen,
2 Mulden,
3 Scheuertücher,
3 Eimer,
1 Löschpinsel,
1 Fuchsschwanz,
1 Rußschaufel,
1 Brechstange,
1 Paar Rohrführerhandschuhe,
1 Ölkanne,
6 Peajacketts,
Verschiedene Schlüssel und Bücher.

C. Dampfspritze.

1 Strahlrohr für weite Schläuche,
1 Standrohr,
1 Hydrantenschlüssel,

1 Saugekorb,
4 Saugeschläuche à 2,60 m lang,
1 Bassin zum Saugen,
10 Enden 75 mm weite Schläuche à 20 m lang, auf angehängter Schlauchwalze,
1 Reservekette,
2 Ölkannen, 1 Kohlenschaufel, 2 Schürhaken und die erforderlichen Werkzeuge, wie Hämmer, Zangen, Schlüssel u. s. w.

Buchdruckerei von Gustav Schade (Otto Francke) in Berlin N.

GPSR Compliance

The European Union's (EU) General Product Safety Regulation (GPSR) is a set of rules that requires consumer products to be safe and our obligations to ensure this.

If you have any concerns about our products, you can contact us on ProductSafety@springernature.com

In case Publisher is established outside the EU, the EU authorized representative is:

Springer Nature Customer Service Center GmbH
Europaplatz 3
69115 Heidelberg, Germany

Batch number: 10682323

Printed by Printforce, the Netherlands